吉林省西部湿地变化的气候水文效应研究

刘 雁 著

科学出版社

北 京

内 容 简 介

本书以吉林省西部为研究区域，以湿地格局变化为研究对象，探讨湿地变化产生的区域气候、水文效应及湿地格局优化。本书共分为四部分：第一部分（第1~2章）介绍本书内容的研究背景、意义，以及吉林省西部自然经济社会概况；第二部分（第3章）揭示吉林省西部1985~2010年湿地变化过程，阐明湿地格局的变化特征；第三部分（第4章）探讨湿地变化对区域气温和降水量的影响，建立气候变化与湿地变化之间的数学模型，揭示湿地面积和格局变化能够调节区域气候；第四部分（第5章）研究洮儿河流域沼泽湿地变化和流域径流量减少的关系；第五部分（第6~8章）模拟2010~2020年吉林省西部湿地格局变化，评估不同情景下湿地格局在景观特征、抗干扰能力和生态系统服务功能价值方面的差异性，并总结结论。本书不仅为吉林省西部生态环境调控和建设提供科学依据，而且丰富和发展了半干旱区湿地生态服务功能理论与方法。

本书可供从事地理学、湿地生态学、环境生态学等学科领域的科研工作者、大专院校师生参考。

图书在版编目(CIP)数据

吉林省西部湿地变化的气候水文效应研究／刘雁著 . —北京：科学出版社，2019.3

ISBN 978-7-03-060725-6

Ⅰ.①吉… Ⅱ.①刘… Ⅲ.①沼泽化地–气候变化–水文调查–吉林 Ⅳ.①P942.340.78

中国版本图书馆 CIP 数据核字（2018）第 042923 号

责任编辑：刘浩旻　李嘉佳／责任校对：张小霞
责任印制：吴兆东／封面设计：铭轩堂

科学出版社 出版
北京东黄城根北街 16 号
邮政编码：100717
http://www.sciencep.com

北京九州迅驰传媒文化有限公司 印刷
科学出版社发行　各地新华书店经销
*
2019 年 3 月第 一 版　开本：720×1000 B5
2019 年 3 月第一次印刷　印张：8
字数：160 000
定价：88.00 元
（如有印装质量问题，我社负责调换）

前　言

　　湿地具有重要的调节气候、调蓄水文、降解污染、维持地球化学循环等环境功能和效益。湿地变化通过改变或弱化湿地功能，会带来显著的环境效应。吉林省西部属于生态脆弱区，湿地作为重要的生态功能单元，其发展变化对区域生态环境产生重要影响。因此，揭示吉林省西部湿地变化特征、探讨湿地变化的环境效应和湿地格局优化，能够为探索半干旱区人为干扰下受损生态系统变化特征和规律、揭示湿地生态服务功能和指导区域生态建设实践提供理论基础和科学依据。

　　本书以遥感影像为数据来源，分析了吉林省西部 1985～2010 年湿地动态变化过程，指出了湿地格局的变化特征；结合长时间序列的气象台站观测数据，基于区域气候变化特征分析，探讨了湿地变化对区域气温和降水量的影响，建立了气候变化与湿地变化之间的数学模型，揭示出湿地面积和格局变化能够调节区域气候；基于洮儿河流域水文变化特征分析，揭示出沼泽湿地变化和流域径流量减少的关系；基于情景分析法，模拟了 2010～2020 年吉林省西部湿地格局变化，评估了不同情景下湿地格局在景观特征、抗干扰能力和生态系统服务功能价值方面的差异性。本书主要研究结论如下。

　　（1）1985～2010 年吉林省西部湿地格局变化明显。1985～2010 年，研究区湿地总面积呈增加趋势，共增加 24.41%，各类型湿地面积的变化趋势不同，其中自然湿地（沼泽、河流湖泊）的面积逐渐减少，主要向耕地、草地和盐碱地转移，而水田面积增加幅度较大，水田面积增加方式有旱田改水田和荒地改水田两种方式；从空间格局看，自然湿地丧失较大的区域主要集中分布在嫩江、西流松花江沿岸，以及查干湖、月亮泡等湖泊附近，水田面积增加的区域主要位于引嫩入白工程、哈达山水利枢纽工程、大安灌区工程三大水利工程惠及区；对变化热点区的分析表明，研究区的西南部、前郭尔罗斯蒙古族自治县和松原的西部一直是湿地变化的热点地区。

　　（2）湿地面积增加和格局变化可调节区域气候。研究区气候变化与林地、草地和湿地变化的关系较密切，三者相比，湿地变化在调节区域气候中发挥着更主要的作用；湿地面积和格局变化对区域内气候产生的影响，主要体现在最高气温和降水量的变化上，最高气温倾向率与湿地变化率呈负相关关系，降水量倾向率与湿地变化率呈正相关关系；研究区最高气温倾向率和降水量倾向率与湿地格局均呈现较好的空间对应关系，区域内湿地增长明显的中东部，最高气温上升幅度较小，降水量减少幅度也较小，而湿地面积丧失较多的西部和中南部，最高气温上升幅度较大，降水量减少幅度也较大。

（3）沼泽湿地变化可影响流域径流量。1985～2010 年洮儿河流域径流量动态变化的分析结果表明，除水利工程的影响外，在与各类土地利用方式的相关关系分析中，沼泽湿地变化与流域径流量变化关系最为密切；研究期间洮儿河流域年均径流量呈持续减少趋势，就其人为原因而言，土地利用格局变化引起的流域沿岸沼泽湿地面积的减少是不容忽视的；突变检测结果表明，洮儿河流域径流量的突变点发生在 1995 年，此后洮儿河流域下垫面因素对径流量的影响逐渐增大，到 2000 年以后，成为导致洮儿河流域径流量减少的主要原因。

（4）不同情景下的湿地格局及生态功能具有明显差异，生态优先情景下研究区的生态系统服务功能价值最高，抗干扰能力最强。不同情景下的湿地格局的空间分布具有明显差异。2020 年，生态优先情景下研究区的生态系统服务功能价值为 481.04 亿元，其中湿地生态系统服务功能价值可达到 262.52 亿元，贡献率为 54.57%；从各项生态系统服务功能来看，湿地的废物处理、涵养水源、气候调节三种生态服务功能处于主要地位，贡献率为 77.40%；湿地受到外界干扰程度较为平稳，并呈现逐年下降态势，具有较强的抗干扰能力和维持自我稳定能力，此种湿地格局能够产生最大的生态系统服务功能价值，实施科学规划下的生态建设是增加区域生态系统服务功能价值的有效途径。

本书内容是笔者在东北师范大学读博士期间，在吉林省科技发展计划重点项目"吉林省西部水田格局优化设计"（20100425）资助下所取得的研究成果。在此特别感谢笔者导师——国家环境保护湿地生态与植被恢复重点实验室主任盛连喜教授、东北师范大学环境学院张继权教授、吉林师范大学旅游与地理科学学院刘吉平教授的指导与支持，感谢项小云、王小伦、张玉等研究生在图表清绘和文稿校对方面提供的帮助。

本书在成书过程中，坚持理论与实践相结合，力求将科学性与实用性做得更好。但是由于作者知识水平有限，书中不妥之处在所难免，敬请各位专家、同行和广大读者批评指正。

刘　雁

2018 年 12 月

目　　录

第1章 导　　论

1.1　研究背景与意义

1.1.1　研究背景

1.1.1.1　湿地科学研究的热点领域

湿地具有重要的调节水文、降解污染、调节气候、防止侵蚀、维持地球化学循环、提供重要物种栖息地等环境功能和效益[1-2]。因此，湿地被誉为"地球之肾"和"生命的摇篮"。

在自然和人类的干扰下，湿地是地球上受到破坏和威胁最为严重的生态系统之一，近半个多世纪以来，许多重要湿地或是面积锐减，或是结构功能受损，全球湿地生态系统发生了显著的变化。湿地变化的原因既包括自然条件下湿地的形成演化，同时也包括人类活动干扰下湿地结构功能的改变及其消亡。湿地变化会引起区域内不同土地景观单元间能量、物质及营养成分的变化，从而改变或弱化湿地功能，所以必然会带来显著的环境效应[3-5]。湿地环境效应一方面作用于全球变化，如对碳"源"、碳"汇"过程的影响等；另一方面表现为对区域环境的影响，如造成区域气候变干、河流径流量减少等[6]。重视人类活动对湿地变化的贡献，以及这种变化带来的环境效应研究成为湿地科学的热点领域和重要方向[7]。

1.1.1.2　区域生态建设和经济发展的现实要求

吉林省西部处于中湿润森林草原向半干旱草原及沙漠过渡的地带，行政区划属吉林省西部的白城市和松原市所辖，是候鸟迁徙的重要通道和农牧业发展潜力极大的区域，历史上这里曾是水草丰美、牛羊成群的草原牧业生态区[8]。近年来，气候变化和对生态环境的人为破坏，使该地区生态环境质量不断恶化，自然湿地萎缩、土壤"三化"、气候干旱、洪涝灾害、水资源动态失衡等问题日益突出，导致了区域生态功能日益减退。

湿地在吉林省西部生态环境中居于显要地位[9]，湿地的生态功能比其他区域更为突出[10]。湿地类型以沼泽、湖泊为主。向海湿地和莫莫格湿地是国家级自然湿地保护区，湿地面积辽阔，分布集中连片，区域内拥有大量的芦苇沼泽、草原、天然林和其他草本植物及野生动物等资源。湿地是吉林省生物多样性最为丰富的生态系统之一，向海湿地还被世界自然基金会评审为"具有国际意义的 A 级自然保护区"。但是，近年来，由于气候环境变化和人为破坏，自然湿地面积大幅度减少。为此，吉林省将西部地区确定为生态经济区，把加强湿地保护作为建设重点和方向，开展了大规模的生态工程建设，通过"河湖连通""引霍入向""引嫩入莫""引洮入向"等重点湿地补水工程，对向海湿地、莫莫格湿地、查干湖湿地、大安湿地等重要湿地实施生态补水，加大退耕还湿力度，以此充分发挥湿地调节区域生态环境的功能，促进区域生态环境改善，实现经济、社会与生态环境协调发展。

吉林省西部现有人口 510 万人，耕地 26873km²[11]，主要农作物有水稻、玉米、大豆、烤烟、芦苇、棉花等，是我国重要的商品粮基地。为了进一步提高粮食生产能力，2008 年，吉林省开始实施《吉林省增产百亿斤商品粮能力建设总体规划》，计划用 5 年或稍长一点时间，实现粮食生产能力由 2008 年的 500 亿斤①提高到 600 亿斤的目标[12]。作为粮食增产的主要区域，吉林省西部启动了土地整理工程、重大引水工程及大型灌区建设和改造工程。经过大规模的土地开发和旱田改造，土地利用类型和格局发生了重大变化，这种变化必将对湿地生态系统产生更多的人为干扰，进而引起区域生态环境的变化。

1.1.1.3　区域湿地变化及其环境效应研究亟待深入

自 20 世纪 90 年代起，吉林省西部的土地利用格局变化及生态环境问题引起广泛关注，学者分别从土地利用变化及结构[13-16]、资源承载力[17-21]、生态安全[22-28]、生态系统服务功能价值[29-35]、区域气候演变[36]等不同角度对此开展了研究工作。在此背景下，针对吉林省西部湿地开展的专题研究也逐渐丰富起来，已有的研究主要侧重于湿地现状调查及保护[37]，湿地系统的水质和生态需水量[38]，有益、有毒元素的来源、迁移[39]等，此外，还有部分学者对灌区水田开

---

①　1 斤=0.5kg。

发所引起的土壤盐碱化[40-42]、地表水质[43]、土壤肥力[44]、土壤性状[45]进行了研究。

就目前而言,已有的吉林省西部湿地研究呈现以下特点与不足:①关注湿地变化所引起的或水或土等单一环境要素的变化,缺少对湿地变化所引起的区域气温、降水、流域水文等重要环境要素变化情况的研究。②关注湿地系统的环境要素变化的现状研究,缺少对长时间序列环境要素变化特征、趋势的研究。③尚缺少关于湿地变化-环境变化关系、环境效应的定量分析等研究。因此,系统地开展湿地空间格局变化对区域环境效应研究,将有助于进一步深入认识区域环境发展趋势,为区域政策的制定提供科学依据。

1.1.2 研究意义

本书确定的研究区域是吉林省规划的西部生态经济区,在地理位置上处于科尔沁草原和松嫩平原交汇地带,以湿地和草原生态系统为主,是草原和湿地生态系统的过渡带。作为半干旱区重要的生态系统类型,湿地对区域的气候、水文等生态过程影响尤为显著。湿地在吉林省西部生态环境中居于显要地位,湿地的生态功能比其他区域更为突出。同时,研究区也是我国重要的商品粮基地,在国家粮食安全战略中具有重要地位,近年来,吉林省还开展了生态功能区和生态建设等重大工程。生态环境脆弱和生态改造、生态建设活跃并存成为研究区的显要特征[46]。

本书的研究正是立足于吉林省西部生态环境现状和生态建设的区域背景,分析该区域湿地时空动态变化特征,在此基础上结合长时间序列的气象数据和流域水文数据,探讨湿地变化对区域气温、降水、流域水文的影响,并对未来时期内湿地时空变化进行情景预测及优化评估。本书的研究具有以下三点重要意义:

(1)进一步揭示半干旱区生态环境脆弱地带的湿地变化特征和规律,对探索自然因素和人类活动对受损生态系统变化及动态过程的影响、评价区域生态环境状况及发展趋势具有一定的科学意义。

(2)进一步认识湿地对区域气候水文的调节功能,对揭示半干旱区湿地的生态服务功能、生态环境调控和建设的关键问题识别具有一定的科学意义。

(3)明晰了在生态建设和改造活跃区,湿地格局优化对稳定和改善区域生态环境的积极意义,对生态建设的方案设计、实施和评价等实践活动具有一定的指导意义。

1.2　国内外研究进展

1.2.1　湿地变化研究

1.2.1.1　研究进展

湿地是水陆相互作用形成的自然综合体，是自然界最富生物多样性的生态景观和生态系统，是人类生存环境的重要组成部分，占地球陆地面积的 4%~6%[47]。世界自然保护联盟（International Union for Conservation of Nature，IUCN）将湿地生态系统与森林生态系统、农田生态系统并称为陆地三大生态系统。根据《关于特别是作为水禽栖息地的国际重要湿地公约》，湿地的定义为天然或人工、长久或暂时性的沼泽地、泥炭地或水域地带，静止或流动的淡水、半咸水、咸水体，包括低潮时水深不超过 6m 的水域。具体类型包括沼泽、泥炭、盐沼、红树林、湖泊、河流、滨海水域等自然湿地及水田、养殖场、盐田、水库和运河等人工湿地[48]。

一般来讲，自然景观本身的发展变化是相对缓慢的，需要一个较长的时间尺度，然而，全球人口的膨胀、人类活动的加强，使自然界这种缓慢的变化规律发生了根本性改变，自然景观的变化进程加速[49]。湿地历来是人类分布密集区域和土地开发的重要对象。近几十年来，湿地面积、空间格局和功能水平都发生了明显改变。例如，我国三江平原自 20 世纪 50 年代以来，历经了三次大规模的开荒浪潮。1949 年，耕地面积仅为 0.79 万 km²，而到 2000 年，超过 4 万 km²。与此同时，湿地面积由 5.34 万 km²（占平原面积的 80.1%）下降到 0.91 万 km²，减少了 80% 以上[50]；近年来，长江下游地区生态系统变化剧烈，湿地面积明显减少。2015 年，沼泽、湖泊、水库/坑塘等湿地面积为 10834.4km²，较 2000 年相比，减少比例分别为 23.8%、3.8% 和 3.4%，主要驱动力为城镇扩张和城市化建设[51]。

20 世纪中叶，苏联率先开展了沼泽湿地的研究工作，研究重点在于沼泽湿地分类，之后，美国和加拿大等国逐渐重视湿地研究，研究的重点逐步扩展到湿地定义、资源调查、景观分类、面积变化以及空间分布等方面[52-54]。90 年代，随着国际地圈生物圈计划（International Geosphere-Biosphere Program，IGBP）、国际全球环境变化人文因素计划（International Human Dimensions Programme on Global Environmental Change，IHDP）和土地利用/土地覆被变化（Land-Use and Land-Cover Change，LUCC）等国际研究计划的开展及许多全球变化方面的课题研究，湿地变化成为国内外研究者积极探求的热点问题之一。湿地变化研究对认识全球气候变化、生物多样性变化、土地利用/土地覆被变化及区域响应产生重大意义[55]。同时，由于景观生态学被引用到湿地科学领域，湿地研究更加关注由于人类活动对湿地开发利用所导致的湿地景观变化，加之遥感（remote sensing，RS）和地理信息系统（geographic information system，GIS）技术的发展和应用，湿地变化的深入和精准量化研究得到了切实推动。

在我国，湿地变化研究起源于湿地资源调查。20世纪70～80年代，中国科学院完成了我国湿地资源基础调查（包括沼泽、滩涂和湖泊），自此我国湿地状况才得以被初步揭示。此后，国家林业局分别于2003年和2013年两次组织完成了我国湿地资源调查工作（包括河流、湖泊、沼泽和库塘），第二次资源调查结果显示，我国湿地总面积为5360.26万 hm^2，湿地率为5.58%，从分布情况看，青海、西藏、内蒙古、黑龙江4省（自治区）的湿地面积约占全国湿地总面积的50%。2004～2013年，同口径下湿地面积减少了339.63万 hm^2，围垦和基建等人类活动是导致湿地面积减少的重要因素[56]。

目前，我国湿地变化的研究重点侧重于以下两个方面，一是湿地动态变化和景观格局，包括湿地面积变化、空间特征、景观格局和驱动力分析等，二是湿地变化模拟和湿地规划，包括湿地变化模拟预测、湿地格局优化等。在湿地动态变化和景观格局方面，我国研究者通过大量的研究与实证分析，积累了丰富的研究成果。总体看来，研究对象涵盖了沼泽、湖泊、河流、滩涂、红树林、城市湿地、人工湿地等多种湿地类型，研究区域集中在三江平原、长江中下游地区、黄河三角洲、东部沿海地区、青藏高原、辽河平原等湿地集中分布区，研究时段多为20世纪80年代至现在[57-65]。例如，王宪礼等[66]对80年代末辽河三角洲湿地景观的格局与异质性进行了研究，结果表明，研究区的湿地景观包含稻田、苇田和滩涂，其中稻田景观斑块最大，聚集度指数最高；汪爱华等[67]、姜琦刚等[68]、Zhang等[69]、Song等[70]研究了三江平原湿地动态变化过程，结果显示三江平原沼泽湿地大面积减少，湿地退化严重，其中转化为农田的比例最大，人工湿地大幅度增加，这一过程受人类活动影响较大；赵锐锋等[71]分析了1980～2000年塔里木河中下游地区湿地景观空间格局变化，结果表明，研究区湿地面积显著下降，随着人类干扰强度的增加，景观多样性和破碎化程度增加，优势度降低，尤以沼泽湿地面积减少幅度最大；蒋锦刚等[72]分析了若尔盖湿地 1974 ~ 2007 年的湿地变化过程，结果表明，河流、湖泊、沼泽等湿地面积正在减少，而草地、居民点及建筑用地面积在增加，人为因素是主要驱动力；赵海迪等[73]对 1992 ~ 2008 年三江源区人类干扰与湿地空间变化关系进行了分析，结果表明，随着人类干扰强度等级的增大，湿地率和湿地年际变化明显减小；Liu 等[74]分析了 2000 ~ 2010 年黄河平原湿地景观格局时空动态变化，结果表明，研究区湿地减少 2.27%，其中自然湿地下降，而人工湿地增加，尤其是虾池，增加了 268.33%，湿地景观格局逐渐变得更为复杂和分散。

在湿地规划与模拟预测方面，我国研究者将湿地归并为土地利用/土地覆被（land use and land cover，LULC）的一种类型，基于土地利用系统内部各组成要素间的相互作用机制，重点从湿地数量需求、空间分配方面对湿地格局进行优化设计和模拟预测研究。现有研究主要着眼于在不同发展战略和政策背景下，模拟区域土地利用系统未来可能出现的格局变化及其区域响应。例如，何春阳等[75-76]对我国北方的土地利用变化进行了情景模拟；于欢等[77]、赵亮等[78]对三江平原湿地时空演化、面积变化进行了模拟；李兴钢[79]等对辽河三角洲湿地景观格局进行了预测；欧维新等[80]对盐城大丰滨海湿地空间格局进行了优化。此类研究成果也较为丰富。

综合以上研究成果可以看出，不论是全国还是区域范围内，湿地变化的总体趋势是一致的，即自然湿地大面积减少，湿地退化现象严重，大量湿地转化为耕地，湿地景观趋于破碎化，生物多样性降低，而水稻田、库塘等人工湿地增加幅度较大，人类的开发和利用对湿地变化产生极为深刻的影响。

1.2.1.2　研究方法

相对于较为一致的湿地变化研究结论，湿地变化的研究方法表现出多样化的明显特点。

首先，景观生态学关于格局、过程、驱动机制分析等原理与方法被广泛应用于湿地变化研究中，有力地推动了湿地景观格局演变特征的研究，使湿地变化的定量分析成为重要研究课题，最为常用的研究方法当属景观格局分析方法。景观格局分析方法是通过使用景观格局指数来实现的，景观格局指数包括形状指数、多样性指数、聚集度指数、分散度指数等几大类别及众多亚类指标。由于景观格局指数对景观结构组成具有较好的表征意义，有利于从景观尺度和斑块尺度了解景观的空间异质性特征，所以在包括湿地变化在内的土地利用变化研究中的应用最广。

其次，由于景观模型能够帮助研究者建立景观格局和功能之间的相互关系、了解景观未来的变化趋势和结果，所以其成为预测湿地未来变化、描述景观空间特征的有效工具，湿地变化研究也因此经历了由以数量配置为主到预测空间变化的过程。迄今，国际上已经发展了以数学回归为基础的经验-统计模型、基于经济理论和主体行为的概念机理模型和综合模型[81]，在中国以 CLUE-S（conversion of land-use and its effects at small regional extent）模型[82-88]、元胞自动机（cellular automaton）[77,88-89]模型、系统动力学（system dynamics）模型[75]、土地利用情景变化动力学模型（land use scenarios dynamics model）[76]、类型变化跟踪器模型（type change tracker model）[90]应用最为普遍。另外，因为每种方法各有侧重，所以近年来集成嵌套使用两种方法的研究实例逐渐增多。例如，因为马尔科夫模型表现的是一种间接的随机过程，事物的未来可能性仅依赖于先前的状态，所以对自然景观的模拟性较好[91]，但却不适于人类干扰强烈的景观变化，需要与一种能够进行空间表达的方法联合，而元胞自动机模型能够解释空间过程和复杂系统的非线性行为，所以马尔科夫模型和元胞自动机模型的集成使用能够更好地预测湿地动态变化[79,92-93]，此外还有人工神经网络-元胞自动机模型[94]、系统动力学-元胞自动机模型的集成[95]。

总体来讲，不论是景观格局分析方法还是景观模型方法，它们的基本步骤可以归纳为：数据收集—景观分类系统建立—空间数据建立—数据分析或模型模拟。具体过程是以 TM 和 ETM 影像、土地利用现状、地形、地方统计年鉴以及实地调查获得的一手资料为主要数据源，通过数字化处理得到数字地图，并从中提取各种湿地数据和信息，然后将这些数据和信息引入景观格局分析或景观模型中，通过量化分析对研究结果加以解释和探讨。值得一提的是，由于 RS 和 GIS 技术具有强大的空间信息采集和处理功能，现已成为湿地变化研究中不可或缺的技术手段，进而深化了湿地变化研究的定量分析与认识[96-99]。

1.2.2　湿地变化的区域气候效应研究

湿地变化既是全球变化的结果，同时也对全球变化及区域气候环境、水文环境等产生显著而深刻的影响[100]。由于人类对湿地进行了过度的开发和破坏，湿地资源的数量和质量急剧下降，从而引起一系列生态环境问题。为此，许多国际研究计划，例如 IGBP、IHDP 和 LUCC 等开展了许多全球环境变化方面的研究课题，尤其集中在热带森林变化、草地变化及湿地变化对全球环境变化的影响方面。

湿地是一种特殊的下垫面。一方面，气候的变化会引起景观变化，许多研究表明，湿地是对气候变化最敏感的生态系统，其组成、结构、分布和功能与气候因子休戚相关，气候变化对湿地生态系统产生深刻影响[101-102]；另一方面，改变了的湿地景观又会对气候造成一定的影响，影响的尺度包含全球和区域。

湿地自由水面的水汽蒸发和湿地植被剧烈的水汽蒸腾为湿地调节区域气候提供了重要的物质基础。湿地的物理特性不同于其他土地覆被类型，在反照率、热容量、粗糙度、能量交换等方面与其他土地覆被类型存在显著差异，导致湿地水体上空气温低于周围陆地形成低温区，从而形成"冷岛"，气候较周边地区更为冷湿[103]。在冷辐射和蒸散作用下，湿地具有增加湿度降低温度的冷湿气候效应，从而对区域气候产生调节作用。

湿地对区域空气的降温增湿作用是其生态环境功能之一，在湿地景观结构变化显著区域，通常会对区域气候产生深刻影响，这一事实已经得到广泛的共识。Gordon[104]研究表明在加拿大西北部和北美大湖等地区，湖泊湿地能够使 7 月的局地气温下降 $2 \sim 3^{\circ}C$，潜热通量上升 $10 \sim 45W/m^2$，感热通量下降 $5 \sim 30W/m^2$；Hostetler 等[105]研究表明，皮拉米德（Pyramid）湖泊能够降低日最高气温，升高日最低气温，增加大气湿度。我国这方面的研究开端始于三江平原气候特征研究，继而拓展到不同气候区的多种湿地类型分布区。研究者在分析湿地变化基础上，通过对气候要素的观测和分析，在湿地气候特征、变化趋势、湿地-气候变化关系、湿地气候的数值模拟等方面取得了较多的成果。湿地具有气温低和相对湿度大的特点，在维持区域"冷湿"效应中的作用在许多研究成果中得到不断的证实。例如，娄德君等[106]通过实地观测，对湿地气象站和城市气象站进行了气象要素的比较分析，得出下垫面差异能够加强或缓和气象要素日变化幅度；宝日娜等[107]对达里诺尔湿地和两个常规气象站资料对比证实，湿地在夏季具有明显的降低气温作用，可以调节当地气候；聂晓和王毅勇[108]通过湿地-旱田对比分析发现，湿地的冷湿效应在夏季和夏季午后时段最为明显；姚允龙[109]分析了挠力河流域湿地面积变化对最低和最高气温的影响，证实了湿地大面积垦殖对局地气温具有影响，尤其是对最低气温具有较大影响。湿地的降温增湿作用与气候条件、下垫面性质、湿地面积、植被类型等因素有关[110-114]。湿地减少后会造成湿地集中分布区出现气候的暖干化[115]。50 年代以来，三江平原作为我国最大的淡水湿地分布区，由于湿地大面积被开垦为耕地，地表反射率降低，土壤热通量增加,地表热量平衡发生了显著的变化[50,116],年平均气温呈上升趋势,年降水量呈下降趋势[117-119],1955~2005 年,三江平原年均气温每 10 年上升 0.34℃,年均降水量每 10 年下降 12.9mm[70],湿地的变化与气温变化呈负相关,与降水、湿度变化呈正相关[120]。

精准的湿地气候要素数据是湿地变化气候效应研究的基础和关键环节,包括研究区域的蒸发量、降水量、温度、湿度、风速、地表辐射及日照时数等。面对所获取的气候数据,研究重点不同,所使用研究方法也不尽相同。①在湿地气候变化特征分析方面,研究者较多采用方差分析法、气候倾向率法、Yamamoto 法、Mann-Kendall 法进行气候特征分析及突变检测[109,113];②在湿地变化和气候变化关系方面,较多采用灰色关联分析方法判定二者的相关性[117,121];③气候模式常被用于对下垫面变化所引起的大气环流和气候变化进行数值模拟和预测,研究重点集中于气候模式本身的数值模拟能力、模拟结果的检验评估和本地化问题[122-127],较为常用的气候模式主要包括美国国家大气研究中心(National Center for Atmospheric Research,NCAR)的区域气候模式 RegCM、美国国家大气研究中心与宾夕法尼亚大学(NCAR/PENN)联合的中期预报模式 MM4、MM5,美国科罗拉多州立大学(Colorado State University,CSU)的区域天气模式 RAMS 等。

1.2.3 湿地变化的流域水文效应研究

在全球变化和人类活动共同作用下,土地利用变化成为最重要的生态系统变化的表现形式。土地利用变化改变了地表蒸发、土壤水分状况及土地覆被的截留量等,进而对流域的水量平衡产生影响。土地利用变化的重要环境反应是以水文行为变化出现的,这种变化对流域水文过程的影响是显著的[128]。近年来,围绕土地利用与土地覆被变化,分析流域水文过程的响应过程成为研究热点,其中最具代表性的研究是由美国国家环境保护局设立、在哥伦比亚盆地开展的 ICBEMP 研究计划[129]。该计划系统研究和定量地描述了 1900 年以来该区域土地利用与土地覆被变化对蒸散发以及径流的产汇流等水文过程的影响。BAHC(IGBP 核心项目——水文循环的生物圈方面)与 LUCC 联合发起了 LUCC 同水文循环关系的核心研究计划,该计划在全球选择了数个典型地区开展区域尺度的 LUCC 如何影响水文循环的观测研究。自 20 世纪 90 年代以来,土地利用格局与水文过程关系成为我国学界的一项重要的研究课题。我国研究者先后开展了土地利用方式的变化引起的流域水文响应研究,在森林、湿地、绿洲、荒漠等不同植被景观带的水文生态功能、效益及过程响应等方面取得了一些进展[130-134]。

湿地发挥着极其显著而重要的水文功能，包括防洪、控制径流和维持河流水位等[135]，所以湿地流域水文效应研究也成为湿地科学的重要科学问题，是生态学家和水文学家共同关注的热点研究领域，对流域水资源管理、生物多样性保护、全球气候变化等具有极其重要的意义[136]。目前，湿地流域水文效应尤其注重生态过程对流域水文循环过程的影响，其主要表现为湿地与其他组分的空间镶嵌及其时空变化对蒸散发、截留、地表径流、土壤水分入渗和地下水形成的影响，进而影响产汇流过程[137]。

流域是以分水岭为界的自然地理区域，是水文响应的基本单元，被视为生态水文过程研究最理想的空间尺度[137]。流域系统中的湿地和其他组分空间结构相连，所以共同发挥着水文功能和效应，但是不同组分的生态水文功能是不同的。植被是对水分传输有着重要作用的第一层，是调节降水分配和水分输入的重要过程，使降水量、降水强度、降水分布等发生显著变化，直接影响水分在生态系统中的整个循环过程；土壤层通过入渗、蓄纳等作用，对降水资源分配格局产生的影响最为明显，成为联系地表水与地下水的纽带，也是生态系统水分的主要储蓄库；植被和地面通过蒸发和蒸腾作用向大气输送大量水汽[138]。

在全球变化背景下，在以湿地为主的流域中，湿地变化通过加强或抑制以上作用对河流水文变化产生作用。陈刚起和张文芬[139]发现三江平原沼泽湿地被开垦后，下垫面水文条件和水平衡要素均发生显著变化，而且这种变化受气候条件制约，在连续少雨年和连续多雨年作用不同；李颖等[140]的研究结果表明，因草根层和泥炭层的持水能力很高，所以三江平原的草本沼泽发挥着蓄洪、削减洪峰、均化洪水过程的作用；闫敏华等[141]认为三江平原在沼泽湿地开垦面积超过50%时，沼泽性河流的年径流量呈减少趋势，且年际变化显著；刘红玉等[142-143]在分析导致流域水文情势变化的因素时发现，湿地植被影响湿地的水文过程功能，是导致流域年均径流和流量变化的主导因素，约占影响程度的76%和16%，随着湿地面积不断减少，沼泽性河流流域的滞洪调节作用也在逐渐减小；季友和张琳[144]认为，旱地改成水稻田会增大地表水的利用率和地下水的利用量，是流域地表径流深减少的原因。

水文特征参数法是一种简捷地分析土地利用变化水文效应的方法，可用来判断流域内的水文响应是否发生了变化。研究者通常选择某个流域较长时间序列的能够反映水文效应的特征参数，通过对水文参数进行数理统计分析，从其变化趋势上评估湿地水文效应。特征参数主要包括径流系数、年径流变差系数、径流年内分配不均匀系数、洪水过程线、洪峰流量、洪峰频率等[145]。但该方法仅是简单的数理统计模型，无法揭示水文响应过程中关键生态过程和物理机制，如湿地产流过程、径流特点、水流运动规律等，同时由于影响流域水文变化的因素较为复杂，所以此方法仅适用于下垫面条件比较均匀、降水量和土地利用空间差异不大的流域。

1.2.4 土地利用变化情景模拟研究

利用土地利用情景模型，模拟未来不同情景下的土地利用变化格局，考察和评估土地利用系统变化的现实和潜在生态环境影响和反馈过程，是揭示土地利用系统之间各组成要素相互作用机制、优化土地利用格局、降低未来土地利用过程生态风险水平的有效途径之一，能够为土地利用变化研究、区域社会经济发展和资源环境保护决策提供参考依据[75,146]。

实际上，情景模拟是对研究区未来不同发展模式可能结果的一种预测，是在假定某种现象或趋势持续到未来的前提下，对预测对象可能出现的情况或引起的后果做出预测的方法。情景模拟具有许多实用性优势，其一是适用范围广，受假设条件的限制少，考虑问题较全面，应用起来灵活；其二是能够全面考虑将来会出现的各种状况和因素，并将多种可能尽量展示出来，便于决策者的分析判断；其三是在方法学上能实现定性和定量分析相结合，可为决策者提供主、客观相结合的未来前景。此外，该方法还能及时发现未来可能出现的难题，以便采取行动消除或减轻影响。

现有的模拟研究主要着眼于不同战略和政策情景下，模拟区域土地利用系统未来可能出现的格局及其区域响应。迄今，国际上已经发展了以数学回归为基础的经验–统计模型、基于经济理论和主体行为的概念机理模型和综合模型[151]，在中国以 CLUE-S 模型应用最为普遍[147–150]。

1.2.5 湿地研究的薄弱环节

湿地科学已经成为国际学术界的重要学科和优势领域[151]，其中湿地变化及其环境效应问题是一项重要的研究热点，越来越受到各国政府和学者的广泛重视，研究者从地理学、生态学、环境科学及气象气候学等不同角度对以上问题开展研究，研究内容逐步深入，研究实例日趋广泛，研究方法日臻系统。湿地变化及湿地生态环境效应研究经历了由定性分析到定量计算评估、由静态描述到动态优化调控的过程。分析当前国内外的研究现状，由于多种原因，仍在以下几个方面存在着薄弱环节。

（1）湿地变化的空间表达问题。由于景观格局指数对景观结构组成等特征具有较好的表征意义，所以在实际应用中最为广泛，但是景观格局指数只能描述景观空间异质性的特征，而对于解释空间异质性在景观中是如何连续变化的却不适用。我国多数的湿地变化研究注重景观格局指数的数理统计和量化分析，而对于湿地变化的空间信息特征的表达稍显不足。面对特定区域，应抓住湿地景观多样性和空间差异性特点，在分析数量、类型的时间变化特征基础上，注重构建能够表达空间信息的指数，深刻认识和揭示湿地空间变化规律。

（2）关于湿地变化-气候变化的关系缺少有说服力的实证研究。例如，三江平原湿地变化吸引了较多学者的研究兴趣，但是究其根本，大量的研究成果的研究重点仅在于以下两类，一类是研究区湿地景观变化及驱动力分析；另一类是气候变化趋势、突变检测分析。这两类研究成果相互并行，交叉较少，在涉及气候变化的原因时，往往采用说明式的语言进行阐释，缺乏具有说服力的定量分析。湿地变化和气候变化的关系，尤其是气候变化对湿地变化的响应研究有待进一步深化。

（3）湿地变化-水文变化的关系研究。关于湿地-水文之间的关系多集中于单向作用的研究，特别是水文过程对湿地植被的影响研究较多，目前，尚缺乏对湿地变化所引起的水文生态过程、水文效应及作用机理的全面认识。

（4）气候模式的尺度和精度问题。就目前而言，气候模式的应用较为广泛，研究重点集中于气候模式本身的数值模拟能力、模拟结果的检验评估和及本地化问题。应用尺度大都是全球或区域等大中尺度，空间分辨率较低，所以当研究区域较小时，必然出现尺度转换和精度问题。气候模式难以正确描述地形和下垫面物理特征，如 RegCM3 模式所反映的下垫面数据中几乎不存在沼泽湿地[152]，导致模拟结果不理想[153-154]。

（5）典型研究对象的选取问题。近几十年来，盲目开垦湿地、过度耗用水资源、任意排放污染物、气候暖干化、河流天然水量减少、泥沙淤积严重等因素使我国自然湿地不断退化、面积急剧减少，然而水稻田、水库等人工湿地却得以大量增加。人工湿地能为人类提供多种服务，它不仅能够种植水稻、养殖鱼虾，增加经济收益，而且具有净化水质、调节气候等良好的生态环境效益。但多年来对人工湿地的研究集中于水田开发所引起的土壤盐碱化[155-156]、土壤重金属污染[157-158]、地表水质劣化方面[159-160]，一直缺乏系统的、综合的人工湿地生态服务功能和环境效应研究[161]。作为研究湿地景观格局演变及生态环境效应的理想试验场，人工湿地具有更为复杂的人类扰动机制和特征，人工湿地的研究有待进一步加强[162]。

第2章 吉林省西部概况

2.1 自 然 概 况

吉林省西部位于松嫩平原的西南部，北方农牧交错带的东部，包括科尔沁大草原东部和松嫩草地南部，地理位置是 43°57′ ~ 46°46′N，121°38′ ~ 126°22′E，总面积约为4.69万 km²，约占吉林省总面积的 25.4%。行政区划上包括白城、松原、大安、洮南、镇赉、长岭、乾安、前郭尔罗斯、通榆、扶余十个市（县）（图2-1）。全区土地、生物和石油资源丰富，是吉林省重要的农业、牧业和能源基地。

图 2-1 研究区的位置和行政区划图

2.1.1　地质地貌特征

吉林省西部处于松辽盆地的西南部，在大地构造单元上属松辽沉降带，仅其西北小部分属于大兴安岭褶皱带范围。松辽盆地属凹陷地块，其基础是震旦纪结晶岩，自古近纪末以来，伴随着东部山地和西部大兴安岭的隆起，松辽地块呈地垄型下陷，接受了第四纪深厚的沉积物而成为冲积湖平原，奠定了本区生态环境演化的地质背景。

区内新生代地层比较发育，从老到新有：新近系大安组（N_d）和泰康组（N_t），新近系上新统至下更新统（N_2^2-Q_1）白土山组，第四纪平台组（Q_1）、荒山组（Q_2^1）、大青沟组（Q_2^2）、顾乡屯组（Q_3）。全新统（Q_4）成因复杂多样，岩性变化大，分布不连续。上述地层的分布主要受新构造运动控制。该区大安境内的月亮泡断陷内新生代地层发育齐全，厚度大，分布稳定。在其他构造单元内地层缺失较多，地层的时代、岩性、厚度等变化均大[163]。

根据全区地质构造，外营力特征以及地表形态，吉林省西部可划分为低山丘陵区、台地区、平原区和沙丘、沙垄区。低山丘陵区分布在本区西北部，在构造上属大兴安岭褶皱带，海拔 300 ~ 350m，最高峰 663m。全区台地分为两种类型，即西北部的大兴安岭山麓台地和东部及东南部的黄土台地。山麓台地分布在洮儿河左岸的北大岗（白城和镇赉）和蛟流河右岸的德龙岗（洮南），黄土台地则包括分布于乾安、长岭的分水岭，安广至大赉、新庙呈西北—东南向的狭长地带和王府及太平山松辽分水岭的一部分。平原区分布于松辽分水岭两侧至江河之间，面积很大。沙丘、沙垄区位于通榆西部和长岭北部，海拔180 ~ 210m[164]。

2.1.2　气候特征

吉林省西部属于温带半湿润、半干旱大陆性气候区，气候深受西风环流和贝加尔湖低压系统影响，四季变化显著，春季干旱少雨，夏季温暖湿润，秋季凉爽，冬季寒冷漫长且少雪。全年温差大，最热月出现在 7 月，平均气温为 22.4 ~ 23.6℃，最冷月出现在 1 月，平均气温为 -19.2 ~ -15.8℃，年均温为 4 ~ 6℃，>10℃积温 2660 ~ 2880℃。全年无霜期为 140 ~ 170 天，冻结期为 150 ~ 180 天。区内降水时程变化明显，降水量由东南向西北逐渐减少，降水的年季变化和年内季节变化大，降雨主要集中在 7 ~ 8 月，占全年降水量 80% 左右。多年平均蒸发量为 1500 ~ 1900mm，是降水量的 3.5 ~ 4.75 倍，东部干燥度为 0.98，西部为 1.49。近些年来，吉林西部年均降水量有减少趋势，大部分区域年降水少于 450mm，干旱时有发生。

区内春季多大风，平均风速 4.3 ~ 6.1m/s，全年大风日数 6 ~ 20 天，风沙日数 15 ~ 31 天，年平均风速 3.4 ~ 4.4m/s，最大风速达 20 ~ 40m/s。大风既剥蚀土地，促使土地迅速盐碱化，也在一定程度上加剧了气候干旱程度，这也是吉林省西部生态环境脆弱的重要原因。受地形和季风的影响，吉林省气候在东西和南北向上出现很大差异，自东向西，有明显的湿润、半湿润、半干旱的气候差异[165]。

2.1.3　水文特征

研究区水系发育，河网、湖泊密布。河流主要分布于研究区周边地区，地表径流量少，水资源折合径流深仅为 8.8mm。松花江水系是区内主要水系，分布于松辽分水岭以北，主要由松花江及其主要支流嫩江、西流松花江、洮儿河、霍林河、拉林河、饮马河和伊通河等组成。近年来，洮儿河、霍林河下游水量逐年减少，甚至河床干涸。本区有大面积湿地和 700 多个湖泡，多数湖泡为内流湖，其水量受降水补给，大旱时，湖泊随之干涸。月亮泡、新荒泡、查干泡等少数湖泡与江河相通，水量较丰富（图 2-2）。

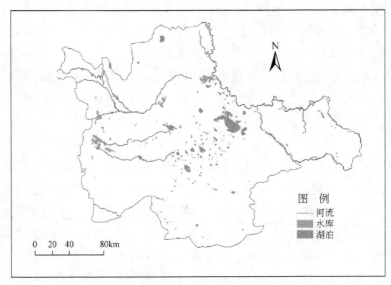

图 2-2　研究区水系、湖泊分布图

引自张立民《吉林省地图集》

由于地表水资源有限,地下水成为本区宝贵的资源。本区地下水的形成、储存与分布受地貌条件和地质构造的制约,新近纪形成的弱胶结砂岩、砂砾岩和第四纪形成的砂、砂砾石层,构成了本区良好的储水构造,主要由潜水和承压水组成。潜水为第四纪孔隙潜水（Q_3-Q_4）,含水层岩性为粉砂、细砂、砂砾石。总趋势是含水层由南向北逐渐增厚,从1~5m到18~23m不等,最大为40m[164]。

2.1.4 土壤特征

研究区土壤类型多样。随着成土因素自东南向西北的变化,土壤类型及其分布规律也相应地发生变化,自东到西地带性地分布着黑土、黑钙土、淡黑钙土和栗钙土四种草原土壤。

黑土主要分布在东部的波状台地扶余、长岭境内。由于气候较湿润,土壤的形成以腐殖质累积为主,土壤的腐殖质层厚,腐殖质含量高,现状为基本农田保护区。黑钙土和淡黑钙土分布于中部的微波状起伏台地和高平地,分布范围最广。由于气候较东部偏干,因此土壤中的钙镁等石灰性物质得以保留,在岗间低地存有不同程度的盐化和碱化现象。黑钙土主要分布于扶余、前郭、大安、长岭等县,镇赉、洮南、白城等也有少量分布,淡黑钙土分布于黑钙土区以西,与栗钙土相连。黑钙土、淡黑钙土的质地较粗,腐殖质含量相对较少,黑土层薄,现状主要为普通农田。西北部的大兴安岭东麓山前台地,因气候更干旱,是栗钙土的主要分布区,主要在洮南县西北部、镇赉西部,属于宜林草、宜牧区。非地带性分布的土壤有盐土、碱土、冲积土、草甸土、沼泽土、泥炭土、风沙土等,呈带状或点片状穿插于区内各主要土类中[166]。

2.1.5 植被特征

吉林省西部自然植被属于半干旱、半湿润草原植被类型。森林草甸草原植被分布于本区的东部及东南部,由于此地开发较早,原始植被已不复存在,现存植被为次生的木本和草本植物;草甸草原植被分布在扶余、前郭、大安、乾安的分水岭和黄土台地一带,在高平原地区亦有分布。典型植被为羊草群落加杂类草群落。近年来,由于过度放牧、滥垦草原等人为和自然因素干扰,羊草草甸草原受到严重破坏,盐碱化严重,形成许多盐生植物群落,如碱蓬群落、碱茅群落等。目前仅有大安市的姜家甸草场、三家甸草场和长岭县的腰井子草场属天然羊草草甸草原。半干旱草原植被主要分布于白城、洮南境内的沙丘上，土壤有机质含量低、沙性大、易被风蚀，大兴安岭山麓多为林地和林场，林种为针阔叶混交林[166-167]。

2.1.6　研究区的重要湿地

吉林省西部在嫩江中下游、嫩江和西流松花江汇合处、洮儿河、霍林河流域集中分布了大面积的自然湿地，以沼泽化草甸、湖泊湿地为主，代表性的湿地有向海湿地、莫莫格湿地、查干湖湿地、月亮泡湿地、大布苏湖湿地、龙沼沼泽湿地等，其中向海湿地和莫莫格湿地为国家级自然保护区，向海湿地还被世界自然基金会评审为"具有国际意义的 A 级自然保护区"，查干湖湿地和大布苏湖狼牙坝被列为吉林省自然保护区。湿地是吉林省西部生物多样性最为丰富的生态系统之一，具有非常重要的生态功能和生态意义。

向海国家级自然保护区位于松嫩平原西部通榆县城西偏北 70km 处，截至 2009 年保护区面积约 1055km²，湿地面积为 361km²，包括水域 125km² 和沼泽 236km²。该地区生长草甸草原植物、草原植物和沙丘植物，约有百余种，鸟类资源十分丰富，有国家一级保护鸟类 8 种、二级保护鸟类 25 种，是我国珍稀濒危鸟类进行人工招引繁殖和驯养基地。区内地表水来源主要有蛟流河、霍林河和额穆泰河。

莫莫格国家级自然保护区位于镇赉县境内嫩江西岸，区域面积为 1440km²，湿地面积为 1040km²，其中水域 267km²、沼泽 77km²。湿地面积占全区总面积的 80%，是吉林省最大的湿地保护区，主要补给水源为洮儿河、嫩江支流河水、地表水和大气降水。沼泽区土壤属草甸沼泽土，沼泽中以芦苇沼泽为主，面积大、分布广，是该区典型沼泽。保护区内动物种类繁多，其中属国家一级保护的有丹顶鹤、白头鹤、白鹤，属于国家二级保护的有蓑羽鹤、大鸨、小天鹅、白枕鹤和大天鹅等。该区湿地面积大，生态意义重要，除为濒危稀有鸟类栖息繁殖地外，还有许多鸟类在春秋迁徙季节停歇取食，是我国八大鸟类自然保护区之一[168]。

近年来，在经济发展和人口增长的双重压力下，自然湿地受到严重威胁，导致湿地生态系统的完整性遭到破坏，湿地生态系统抗干扰能力下降、不稳定性和脆弱性增加、生物多样性降低、生物资源剧减，区域生态环境不断恶化，严重威胁区域经济、社会和生态环境的协调可持续发展。

2.2　社会经济概况

2.2.1　人口与经济

　　吉林省西部虽早有人类活动,但人口一直非常稀少,17 世纪以前人口密度远远低于 0.11 人/km^2,17 世纪以来人口密度有所增加。根据联合国规定的人口密度标准,半干旱的农牧区人口密度应不高于 20 人/km^2,吉林省西部于 1935 年达到此标准,2016 年末的人口密度是 100.60 人/km^2,是标准的五倍,已明显超出规定数值。

　　近年来,吉林省西部经济获得较大发展。2016 年,国内生产总值为 23.52 万亿元,较比 2000 年的 3.84 万亿元增长了 19.68 万亿元。2010 年全区人均 GDP 达到 47652.65 元。产业结构逐渐优化,由 2000 年的 38.6∶35.16∶26.24 演变到 2016 年的 13.92∶38.24∶47.84。2016 年,全年新增固定资产 17.66 万亿元,社会消费品零售总额达 10.09 万亿元。粮食总产量由 2000 年的 398.71 万 t 增加到 2016 年的 1157.88 万 t,增加了约 190.41%[169]。这些数据都表明近年来吉林西部地区经济有了飞跃式发展。

2.2.2　土地开垦及利用历史

　　据史料记载,早在新石器时期,吉林省西部就有农业活动。到 17 世纪,草原上的游牧民族略有增加。1902 年,清政府推行屯垦戍边政策,大片优良草原被开垦为农田。清末民初,蒙汉民族杂居于草原,少数汉人垦荒务农,但由于时局动荡、匪患频繁,少有居民能稳定居住,辽阔的草原显得人烟稀疏。到 20 世纪 20~30 年代,地方政府为平定匪患、屯垦戍边,设立了县制,如乾安、长岭、通榆、洮南等。至此,草原上的居民才相对稳定、集中,农牧业得到一定的发展。抗日战争时期(1931~1945 年),侵略者将该区大片森林砍伐殆尽,大片优良牧场开垦为耕地,耕地面积逐渐扩大。

　　1950 年,全区有耕地 1724.91 万亩①,1958 年,增加到 1993.73 万亩。期

---

　　①　1 亩 ≈ 666.67m^2。

间，建 27 个国有农牧场，开荒 43.16 万亩；建 11 个种畜场，开荒 10 万亩；建国有林场开荒 2.8 万亩；建良种繁殖场 10 个，开荒 1.92 万亩；建劳改农场开荒 3.63 万亩；驻军、工矿开荒 3.11 万亩。此间，草原上的人口迅速增加，仅从 20 世纪 60 年代到 80 年代，人口就增加近一倍，人口剧增加速了对农业自然资源的开发利用和对环境的破坏。"大跃进"、"文化大革命"及"以粮为纲"的方针，使本区经历了三次大规模的垦荒运动，这种无计划地、不因地制宜地开发利用自然资源，使生态环境遭到严重破坏，许多地区出现不同程度的碱化和沙漠化，生态环境危机全面爆发[170]。

1980 年以后，当地政府开始规划调整农、林、牧业用地，到 1985 年实现退耕还林、还牧 374.58 万亩。1990 年以后，由于环保意识的增强，人们开始重视农业生态环境的保护与治理，吉林省政府部门将生态建设列入工作重点，大力加强生态省建设，西部的土地生态环境进入了修复期。

2.2.3　生态环境问题

1）土壤退化

在人类活动的干扰下，吉林省西部土壤退化严重，主要表现为营养成分的减少，向贫瘠化方向发展，养分比例失调，有害的盐碱成分增加，其结果是生态环境恶化，生物量下降，荒漠化迅速发展。目前，全区土壤退化面积已达 2800 万 hm^2。土壤退化主要表现在以下几个方面：①土壤耕作层的颜色变浅，即浅色化；②土壤营养成分下降，有效养分失调；③黑土层变薄，盐碱含量积累速度快；④土壤退化，地力衰竭，土地生产力下降[171]。

2）土地盐碱化

吉林省西部是世界上三大碱地之一。有数据显示，1986 年以来，盐碱化土地面积的年增长率为 1.02%，而且盐碱化程度加剧，重度盐碱地占盐碱化土地总面积的比例达 40.20%。吉林省西部已有 66.7 万 hm^2 土地由优质草原沦为盐碱荒漠，成为已基本无利用价值的碱斑地，一些村屯因土地盐碱荒漠化丧失了全部耕地，全屯搬迁到其他地方，村民沦为生态难民[172]。

3）土地沙化

20 世纪 70 年代，吉林省西部陆续建立了"三北"防护林和护田林，对防风、固沙，保护农业生态环境起了重要作用，沙漠化得到明显的抑制。然而，近些年来，由于林带和林网受到不同程度的破坏，草地退化、植被覆盖率下降、地面裸露，这些都促使沙漠化的进一步发展。根据 2001 年的 TM 卫星影像数据并参考以往的文献、图件等资料计算，吉林西部沙漠化土地面积为 90.72 万 hm²，占西部土地面积的 19.30%，其中固定沙丘面积为 70.22 万 hm²，占西部土地面积 14.94%，平地沙面积为 16.97 万 hm²，占西部土地面积 3.61%，半固定沙丘面积为 3.53 万 hm²，占西部土地面积 0.75%[173]。

4）气候暖干化趋势明显

近年来，吉林省西部气温存在明显的增温趋势，降水则呈现减少趋势。与整个吉林省相比，吉林西部的气温变化幅度要大于吉林省平均变化幅度，降水减少幅度小于吉林省降水平均变化幅度[174]。温度的上升导致研究区蒸发量增加，干燥度升高，这些变化使一些水生植被无法生存，演替为干旱生物植被，造成原有的植被因过度消耗水分而逐渐衰退，造成植被稀疏，加重了土地的退化和沙化[175]。

2.2.4　大型水利工程和土地开发整理工程

依据《吉林省增产百亿斤商品粮能力建设总体规划》，吉林省从 2008 年开始，力争用 5 年或稍长一点时间完成引水、灌区建设和改造、中部黑土地保护和西部土地整理、标准良田建设、良种研发和推广、全程农业机械化示范、空中云水资源开发、生产技术集成与普及、病虫草鼠害预防、生态保障、示范区建设十一大工程，规划期内实现粮食生产能力由 500 亿斤提高到 600 亿斤的目标。其中，引发吉林省西部土地利用和湿地变化的重大建设工程主要包括以下工程[12]。

1）哈达山水利枢纽工程

哈达山水利枢纽工程是一座以向吉林省西部生活和工农业供水为主、结合生态环境保护供水和发电等综合利用的大型综合性水利枢纽工程，是实现松辽流域水资源优化配置的骨干工程，是西流松花江最具开发潜力的枢纽工程。

哈达山水利枢纽工程的主要任务是城市供水、农村防病改水、油田采油供水、松原灌区供水，供水对象包括长岭、大安、扶余、宁江区、前郭、乾安、通榆。哈达山水利枢纽规划分配给农业灌溉用水主要用于前郭灌区（老区节水改造）和西灌区（新建），规划灌溉面积 215 万亩，主要为荒改水、旱改水，此外还有少量的荒改水浇地。这两个灌区和西部土地整理工程中的松原项目区配套对应。

2）引嫩入白供水工程

引嫩入白供水工程是以城市供水、农业灌溉为主，同时兼顾为莫莫格湿地常态补水的综合利用水利工程。供水对象包括白城、镇赉人民生活和工业用水以及镇赉五家子灌区（新建）灌溉用水、白沙滩灌区（原有）灌溉用水、镇赉莫莫格湿地生态常态补水四个部分。

引嫩入白工程中分配给农业灌溉用水主要用于五家子灌区、白沙滩灌区。五家子灌区与西部土地整理项目中的镇赉项目区配套。镇赉项目区土地整理后，规划新增灌溉面积81.13万亩，主要为水田，此外还有少量的水浇地。白沙滩灌区改造后，规划灌溉面积31.02万亩。综上，引嫩入白工程规划灌溉面积112.15万亩，主要包括荒改水、旱改水、旱改水浇地、荒改水浇地。

3）大安灌区新建工程

大安灌区新建工程是通过引嫩江水，在北起月亮泡，南至查干湖的大安古河道盐碱区建设成一个现代化的大规模综合性农业灌区。大安灌区工程位于嫩江右岸一级阶地，其核心区是嫩江古河道，东起嫩江一级阶地组成大安台地，西至安广、两家子镇，南到霍林河，北靠月亮泡，项目区涉及9个乡镇及1个国有草原站。

该工程主要用于农业灌溉供水，与西部土地整理项目中的大安项目区配套对应。大安项目区土地整理后，规划新增灌溉面积89.17万亩，主要为荒改水、旱改水、荒改水浇地。

4）土地开发整理项目

该项目共分三个项目区，分别是镇赉项目区、大安项目区和松原项目区。项目区内部又划分7个项目片，包括镇赉项目区的哈吐气区片、建平区片和黑鱼泡区片，大安项目区的大安区片，松原项目区的赞字区片、余字区片和前郭区片。三个项目区农田灌溉面积总计385.3万亩，主要包括荒改水、荒改水浇地、旱改水、旱改水浇地。

5）人工芦苇湿地建设工程

结合灌溉退水，在承泄区的退化湿地内（小型泡沼和低洼地）建设人工芦苇湿地净化系统，净化处理灌溉退水。规划在镇赉项目区恢复退水净化芦苇湿地，在大安项目区建设和恢复净化芦苇湿地，并通过筑坝防止退水进入查干湖保护区的核心区湿地，在松原项目区建设和恢复净化芦苇湿地，修复查干湖周边退化湿地景观，加上哈达山水库、洋沙泡、花道泡等蓄水调节水库和泡沼，新建和恢复的湿地总面积可以达到 66556hm^2。

2.3　本 章 小 结

（1）本区域经济社会处于不断发展之中，其特点是人口压力大、经济发展速度较快。

（2）本区域的气候、水文、土壤及植被等自然环境表明，该区域处于生态交错带，生态系统抗干扰能力较弱，属于生态脆弱区。近年来，在自然和人为因素的影响下，研究区生态环境破坏较为严重，生态环境压力十分巨大。

（3）湿地在本区域具有重要的生态功能和生态意义，湿地以沼泽化草甸、湖泊湿地为主，近年来，由于湿地生态系统破坏较为严重，湿地的区域生态环境功能下降。

（4）本区是吉林省规划的生态经济区和粮食增产区，生态建设极其活跃，重大水利工程、土地开发整理工程建设使区域土地利用格局处于剧烈的变化之中，是探索生态改造效应的理想研究区。

第3章　吉林省西部湿地空间格局动态变化

近年来，全球气候和生态环境进一步恶化以及人类过度开发，导致湿地的面积、结构和功能发生了明显变化，湿地空间格局变化研究已成为当今国内外专家探求的热点问题之一。本章利用 GIS 和 RS 技术，结合马尔科夫分析方法、网格分析法和分级热点探测方法，对 1985～2010 年吉林省西部湿地空间格局的动态变化进行研究，并寻找湿地动态变化的热点地区，为探讨湿地变化的区域气候效应和水文效应，进行湿地格局的情景模拟提供基础数据。

3.1　数据来源与研究方法

3.1.1　数据来源及处理

3.1.1.1　数据来源

本书采用的吉林省西部的 1985 年、2000 年和 2010 年三期土地利用数据，主要通过解译遥感影像而获得。选取的遥感数据为 1985 年、2000 年和 2010 年三期 Landsat TM 影像，由美国地质勘探局（United States Geological Survey，USGS）（http：//www.usgs.gov/）提供。TM 遥感数据时相均为 5 月中旬～9 月中旬，空间分辨率为 30m，云量较少，图像较清晰，可以满足本研究的需要。为了进行遥感影像的纠正，购买了研究区 1∶10 万和 1∶5 万地形图（1990 年）。

3.1.1.2　影像处理与土地利用/覆被解译

三期的 Landsat TM 遥感影像图处理步骤：第一，运用 ERDAS 对 TM 影像 4、3、2 波段进行标准假彩色合成；第二，运用 ArcMap 或 ERDAS 对合成的影像进行几何纠正；第三，运用 Photoshop 对合成的影像进行均色处理；第四，对均色后的影像进行影像镶嵌；第五，以 1∶10 万地形图为主控数据源，对 2010 年影像图进行配准，配准后分别与 1985 年和 2000 年的 TM 影像进行纠正，使平均位置误差控制在两个像元以内；第六，对配准和纠正后的三期影像图进行目视解译，得到吉林省西部三个年份的土地利用图；第七，通过野外观测点验证解译数据，分别对其进行修改和编辑。

结合国内土地利用研究的成果[176]，参照 IGBP 的 LULC 分类系统，并根据吉林省西部土地利用特点和研究目的，建立吉林省西部土地分类系统。具体将吉林省西部 LULC 类型分为 9 种，包括水田、旱田、林地、草地、水域（河流和湖泊）、居民用地（包含城乡工矿用地）、沼泽湿地、沙地和盐碱地，并建立了相应的解译标志（表 3-1）。

表 3-1　吉林省西部土地利用/土地覆被类型影像特征及定义

名称	代码	空间位置	影像形态	影像色调	纹理特征	定义
水田	1	河口、水库附近和平原	条块状	以红黑色为底色，深浅不一	纹理均一、细腻	指有水源保证和灌溉设施，在一般年景能正常灌溉，用以种植水稻等水生农作物的耕地
旱田	2	冲积、洪积或湖积平原	面状、片状、块状、带状，边界清晰	粉红色、艳红色	影像纹理粗糙	指无灌溉水源及设施，靠天然降水生长作物的耕地；有水源和浇灌设施，在一般年景下能正常灌溉的旱作物耕地；以种菜为主的耕地，正常轮作的休闲地和轮歇地
林地	3	保护区、耕地、台地、沙岗	呈不规则带状	亮红色，伴有黑蓝色或浅蓝色水体	纹理细腻	指生长乔木、灌木的土地
草地	4	波状平原、低洼地和湖面周围	呈不规则块状	灰褐色、黑褐色	影像结构均一，纹理较细	指生长草本植物为主，用于畜牧业的土地
水域	5	平原	线状、面状、带状	黑蓝、蓝	影像结构单一	指陆地水域和水利设施用地
居民用地	6	各类地貌都有	规则的团装、片状	青色、灰色，并有杂色	影像结构粗糙	指城乡居民点和独立于居民点以外的企事业单位用地，包括其内部交通、绿化用地
沼泽湿地	7	地势低洼处、河流两岸	不规则的图斑	红色、紫色、黑色	波状纹理	指经常积水或渍水，一般生长湿生植物的土地

续表

名称	代码	空间位置	影像形态	影像色调	纹理特征	定义
沙地	8	河流两侧，河拐弯及山前戈壁外围	几何特征明显，边界清晰	土黄色、黄绿色	具有波状纹理	指地表为沙覆盖，植被覆盖度在 5% 以下的土地，包括沙漠，不包括水系中的沙滩
盐碱地	9	沙漠边缘冲积扇下部，干旱区地势低洼处	几何特征不明显，边界清晰	灰白或青灰色，色泽发亮，当生长有盐生植物时色调泛黄	质地较细腻，颜色均匀	指地表盐碱聚集，植被稀少，只能生长耐盐碱植物的土地

在进行 LULC 目视解译前，到研究区进行实地考察，考察路线主要沿着公路延伸，经过长岭—乌兰图嘎—查干花—松原，安广—到保—白城，共建立 103 个解译标志点，并建立遥感解译标志。由于草地和沼泽化草甸在遥感影像上很难区分，本书在实地调查的基础上，结合第二次全国湿地资源调查结果对二者进行区分。经野外验证，三期遥感影像的分类准确度分别为 91.5%、93.2% 和 94.6%，可以满足本研究要求。

3.1.2　研究方法

3.1.2.1　土地利用动态度

在自然和人为因素的影响下，区域内各种土地利用类型的数量在不同时段变化的幅度和速度是不同的，而且存在空间差异。土地利用变化的速度可以通过土地利用变化率和土地利用类型动态模型进行度量，它们既可以表征单一土地利用类型的时间序列变化，也可以对区域土地利用动态的总体状况及其区域分异进行分析[177-179]。公式分别如下：

$$L = \frac{u_b - u_a}{u_a} \times 100\%$$

式中，L 为研究时段内某一土地利用类型的变化率；u_a、u_b 分别为研究期初及期末某一种土地利用类型的数量。

$$K = \frac{u_b - u_a}{u_a} \times \frac{1}{T} \times 100\%$$

式中，K 为研究时段内某一种土地利用类型动态度；T 为研究时段长度。当 T 的时段设定为年时，则 K 表示该研究区某种土地利用类型的年变化率。

3.1.2.2　土地利用转移矩阵

转移矩阵（transition matrix）法是基于生态学中马尔科夫链的数学过程，在景观变化中可用于分析景观中各种镶嵌体的转移状况。土地利用转移矩阵不仅可以反映研究期初、期末的土地利用类型结构，同时还可以反映研究时段内各种土地利用类型的转移变化情况，便于了解研究时段内土地利用类型的流向、来源及构成，此外，土地利用转移矩阵还可以推测区域土地利用变化的未来趋势。

自然界有一类事物的变化过程仅与事物的近期状态有关，而与事物的过去状态无关。这种特性成为无后效性。具有这种特性的随机过程称为马尔科夫过程。马尔科夫分析利用系统当前的状况及其发展动向预测系统未来的状况，是一种概率预测分析方法与模型。它建立在系统"状态"和"状态转移"的概念上，有三个假设条件，第一，马尔科夫链模型是随机的，而不是确定性的；第二，通常假设马尔科夫链是一阶模型，这意味着模型的输出由景观的初始分布状态和转移概率决定，历史对它没有影响；第三，假设转移概率不发生改变。目前马尔科夫链模型已现应用到各个领域，如用来模拟土地利用的变化及状态转移、动物种群、植物的演替、森林树种直径分布的变化、人口的迁移等方面，应用尺度在中小尺度上，从几公顷到几百公顷范围内不等[49]。

本书在获得三期土地利用图后，在 ArcGIS 平台下，运用地图代数的方法，提取研究区 1985～2000 年及 2000～2010 年两个时段的土地利用转移矩阵。具体方法是，将 k 时期的土地利用图中的像元值乘以一个整数减去 $k+1$ 时期中的对应像元素，即可得到同一像元在两个时期之间的土地利用变化情况。一般来说，当地类数少于 10 时，乘以 10 即可以区分所有不同地类之间的转移情况。本研究中土地利用类型为 9 类，乘以 10 即可。公式如下：

$$C_{ij} = M_{ij}^{k} \times 10 - M_{ij}^{k+1}$$

式中，C_{ij} 为 k 时期到 $k+1$ 时期的土地利用变化图中第 i 行 j 列新像元的值；M_{ij}^{k} 为 k 时期的土地利用图中第 i 行 j 列的像元值；M_{ij}^{k+1} 为 $k+1$ 时期的土地利用图中第 i 行 j 列的像元值。

3.1.2.3　网格分析法

利用 ArcGIS 软件，生成吉林省西部 0.5°×0.5° 的网格图（图 3-1，为与气候格网数据的尺度相匹配），共生成 32 个网格，将正方形网格图与各个时期湿地空间分布图相叠加，统计每个网格的湿地面积，计算得到每个网格的湿地面积百分比（网格内的湿地面积除以网格的面积，再乘以 100%），然后将计算结果赋给对应的网格，便可得到每个网格的湿地率，再用后一个年份的湿地率减去前一个年份的湿地率，得到此时段内每个网格的湿地变化率。

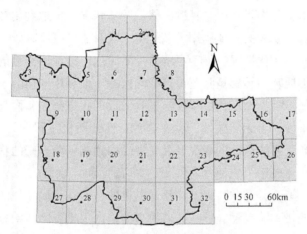

图 3-1　　研究区域所划分的网格图及编号

3.1.2.4　空间插值法

常用的空间插值方法有反距离加权插值、最近邻点插值法、克里格插值方法、多元回归法、径向基函数法、线性插值三角网法、局部多项式法等，其中克里格插值方法是地学中常用的一种插值方法。克里格插值方法又称空间局部插值法，是以变异函数理论和结构分析为基础，在有限区域内对区域化变量进行无偏最优估计的一种方法。克里格插值方法的适用范围为区域化变量存在空间相关性，即如果变异函数和结构分析的结果表明区域化变量存在空间相关性，则可以利用克里格插值方法进行内插或外推，否则反之。其实质是利用区域化变量的原始数据和变异函数的结构特点，对未知样点进行线性无偏、最优估计[180]。本书用 ArcGIS 9.3 的普通克里格插值对湿地变化率进行插值，寻找湿地变化的空间变异规律。

3.1.2.5　分级热点探测

分级热点探测是全局聚集性检验方法之一，它是根据某种规则（如邻近距离）来获取金字塔型多层次空间热点区域的。在分级热点探测中，首先通过定义一个聚集单元的极限距离或阈值，然后将其与每一个空间点对应的距离进行比较，当某一点与其他点（至少一个）的距离小于该极限距离时，该点被计入聚集单元，依此类推，可以得到不同层次的热点区域。

利用 GIS 技术，获得研究区湿地的"增加"和"丧失"图。具体过程为利用 AcrGIS 9.3 的 UNION 命令，将前期和后期的土地利用类型图融合，获得新的叠加图，在叠加图的属性表中选择前期是湿地而后期不是湿地的图斑，就得到湿地的丧失图。同理，在叠加图的属性表中选择前期不是湿地而后期是湿地的图斑，就得到湿地的增加图。

3.2　土地利用变化过程分析

根据上述解译过程，分别获得吉林省西部在 1985 年、2000 年及 2010 年的 LULC 图（图 3-2）和数量结构特征（表 3-2、表 3-3 和图 3-3 ~ 图 3-5），并用马尔科夫分析方法计算出 LULC 状态转移矩阵（表 3-4 和表 3-5）。在此基础上分析 1985 ~ 2010 年 LULC 动态变化过程。

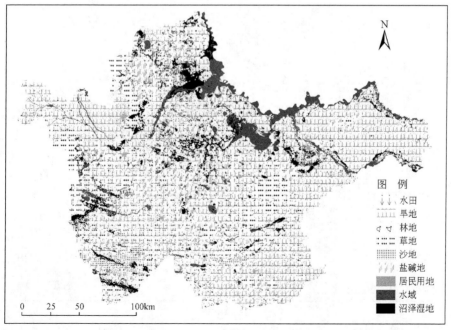

(a) 1985年

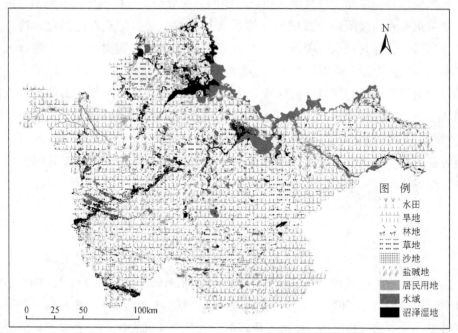

(b) 2000年

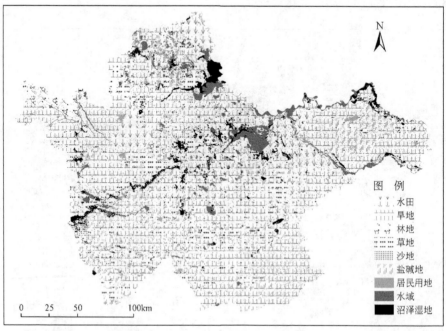

(c) 2010年

图 3-2　1985 年、2000 年和 2010 年三期土地利用/覆被图

表 3-2　1985～2010 年土地利用面积、变化率及动态度

土地利用类型	土地面积/km²			变化率/%			动态度/%		
	1985 年	2000 年	2010 年	1985～2000 年	2000～2010 年	1985～2010 年	1985～2000 年	2000～2010 年	1985～2010 年
水田	928	2318	4451	149.78	92.02	379.63	9.99	9.20	15.19
旱田	20420	22420	22422	9.79	0.01	9.80	0.65	0	0.39
林地	1509	2499	2613	65.61	4.56	73.16	4.37	0.46	2.93
草地	8629	5117	4916	−40.7	−3.92	−43.03	−2.71	−0.39	−1.72
水域	3150	2635	2314	−16.35	−12.18	−26.54	−1.09	−1.22	−1.06
居民用地	1571	1599	1836	1.78	14.81	16.87	0.12	1.48	0.67
沼泽湿地	2779	2280	1766	−17.96	−22.54	−36.45	−1.20	−2.25	−1.46
沙地	616	249	143	−59.59	−42.57	−76.79	−3.97	−4.26	−3.07
盐碱地	7297	7780	6436	6.62	−17.28	−11.80	0.44	−1.73	−0.47
总计	46897	46897	46897						

表 3-3　研究区三期土地利用结构（%）

土地利用类型	1985 年	2000 年	2010 年
水田	1.98	4.94	9.49
旱田	43.54	47.81	47.81
林地	3.22	5.33	5.57
草地	18.40	10.91	10.48
水域	6.72	5.62	4.93
居民用地	3.35	3.41	3.91
沼泽湿地	5.93	4.86	3.77
沙地	1.31	0.53	0.30
盐碱地	15.56	16.59	13.72

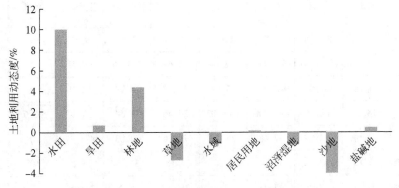

图 3-3　1985～2000 年土地利用动态度

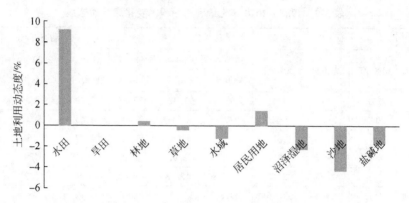

图 3-4　2000~2010 年土地利用动态度

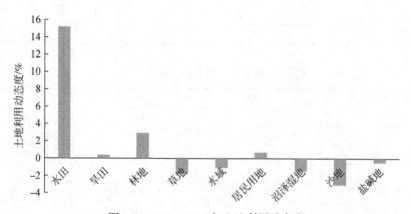

图 3-5　1985~2010 年土地利用动态度

表 3-4　1985~2010 年土地利用类型面积转移矩阵　　（单位：km²）

土地利用类型	水田	旱田	林地	草地	水域	居民用地	沼泽湿地	沙地	盐碱地
水田	691.96	203.95	22.89	1.04	4.16	3.12	9.36	0	4.16
旱田	2279.84	15728.91	951.06	298.64	94.69	235.16	69.72	1.04	774.17
林地	30.18	536.92	812.67	35.38	30.18	19.77	10.41	0	19.77
草地	514.03	3453.58	563.98	3106.03	37.46	39.54	150.88	43.7	666.99
水域	171.69	443.27	37.46	75.96	1709.62	52.03	471.37	0	194.58
居民用地	36.42	123.83	6.24	9.36	3.12	1376.64	5.2	0	18.73
沼泽湿地	551.49	417.26	45.78	532.76	241.41	5.2	758.56	0	207.07

续表

土地利用类型	水田	旱田	林地	草地	水域	居民用地	沼泽湿地	沙地	盐碱地
沙地	0	412.06	74.92	17.69	2.08	3.12	1.04	100.93	13.53
盐碱地	188.34	1072.8	64.51	887.59	198.74	89.49	223.72	3.12	4592.97

表 3-5　1985～2010 年土地利用类型百分率转移矩阵（%）

土地利用类型	水田	旱田	林地	草地	水域	居民用地	沼泽湿地	沙地	盐碱地
水田	74.59	21.98	2.47	0.45	0.45	0.34	1.01	0	0.45
旱田	11.16	77.03	4.66	1.46	0.46	1.15	0.34	0.01	3.79
林地	2.0	35.59	53.87	2.35	2.0	1.31	0.69		1.31
草地	5.96	40.02	6.54	35.99	0.43	0.46	1.75	0.51	7.73
水域	5.45	14.07	1.19	2.41	54.27	1.65	14.96	0	6.18
居民用地	2.32	7.88	0.4	0.6	0.2	87.64	0.33	0	1.19
沼泽湿地	19.85	15.02	1.65	19.17	8.69	0.19	27.3		7.45
沙地	0	66.93	12.17	2.87	0.34	0.51	0.17	16.4	2.2
盐碱地	2.58	14.7	0.88	12.16	2.72	1.23	3.07	0.04	62.94

1985 年，吉林省西部的优势土地利用类型为旱田、草地、盐碱地，总面积达 36346km²，占全区面积的 77.50%，到 2010 年，以上土地利用类型仍在研究区占优。与此同时，水田变化率和动态度较高，水田面积显著增加，从全区第 8 名跃升为第 4 名。总体来看，25 年间各种土地利用类型的变化过程和速率有所不同，且类型之间发生了较为频繁的转化，发生增加的土地利用类型有水田、林地、居民用地、旱田，发生减少的土地利用类型有沙地、草地、沼泽湿地、水域及盐碱地。现将各种土地利用类型的变化情况分述如下。

旱田一直是研究区最主要的土地利用类型，2010 年占研究区总面积的 47.81%。研究期内的前 15 年是旱田面积增加时期，由 20420km² 增加到 22420km²，净增 2000km²，后 10 年间旱田面积变化不大。从地类转化情况方面看，增加的来源主要有草地、盐碱地、林地，共有 5063.3km²，此外，还有一些水域、沼泽湿地及沙地转化为旱田。与此同时，研究区内也存在旱田转化为其他土地利用类型的情况，期间约有 11.16% 的旱田转化成水田，面积为 2279.84km²，其次为林地，面积为 951.06km²。

1985 年，水田面积仅为 928km²，2000 年增加到 2318km²，2010 年继续增加到 4451km²，是研究期初的 4.8 倍，占研究区总面积的近 10%。尽管水田面积总量和份额不是最大，但水田变化率和动态度在所有土地利用类型中居于首位，水田面积增加十分显著。从地类间转化情况来看，旱改水是水田增加的最主要方式，有 51.22% 的水田来自于旱地，面积为 2279.84km²，其次有 19.85% 的沼泽湿地转化为水田，面积为 551.49km²，还有一部分水田由草地、盐碱地及水域转化而来，共 874.06km²。

沼泽湿地面积总量呈减少趋势，由 2779km² 减少到 1766km²，减少了 1013km²，尤其在研究期的后 10 年中，变化速率较大。从转出上看，有 34.87% 的沼泽湿地转化为水田和旱田，面积为 968.75km²，其次沼泽湿地退化为草地和盐碱地现象较为严重，转化比例分别为 19.17% 和 7.45%，面积为 532.76km² 和 207.07km²。从转入上看，水域、盐碱地是其主要来源，有 695.09km²，此外，还有一些草地的转入。

草地面积明显减少，由 8629km² 减少到 4916km²，减少近 43%，研究期的前 15 年是草地面积发生明显减少的时期，草地变化率和动态度较高，减少面积达到 3512km²。有 40.02% 的草地转化为旱田，面积为 3453.58km²，其次为盐碱地和水田，有 1181.02km²，同时也有其他土地利用类型转化为草地，其中以盐碱地、沼泽湿地和旱田为主，分别为 887.59km²、532.76km² 和 298.64km²。

林地总量呈增加趋势，由 1509km² 增加到 2613km²，其变化率和动态度较高，仅次于水田。旱田和草地是林地增加的主要来源，为 951.06km² 和 563.98km²，此外，有 12.17% 的沙地转化为林地，有 74.92km²。旱田是林地最大的转出类型，有 35.59% 的林地转化为旱田，面积为 536.92km²，其余有少量林地转化为草地、沼泽湿地及盐碱地等。

盐碱地面积由 7297km² 减少到 6436km²，尽管总量发生减少，但盐碱地仍是研究区总量较大的土地利用类型，仅次于旱田，位居第二。从转化情况来看，旱田和草地不仅是盐碱地转出的主要流向，而且是盐碱地转入的主要来源，盐碱地转化为旱田和草地的面积分别为 1072.8km² 和 887.59km²，此外，还有 188.34km² 的盐碱地转化为水田。旱田和草地转化为盐碱地的面积总共为 1441.16km²。

1985 年，水域面积较多，为 3150km²，是研究区主要的土地利用类型，随着较高的变化率和动态度，水域面积明显减少，现已不在研究区占据优势地位。有 29.03% 的水域转化为沼泽湿地和旱田，共计 914.64km²，有 11.63% 的水域转化为水田和盐碱地，面积为 366.27km²。

　　在研究期前 15 年，居民用地面积保持基本稳定，而在后 10 年增加较为明显，从原来的 1571km^2 增加到 1836km^2。旱田是居民用地增加的主要来源，约有 235.16km^2，此外，有少量的盐碱地、湖泊及草地的转入。居民用地的转出量较少。

　　沙地数量在研究区最少，并且减少速率较快，由 616km^2 已经减少到 143km^2。有 66.93% 的沙地转化为旱田，约有 412.06km^2，有少量沙地转化为林地、草地和盐碱地。此外，有少量草地转化为沙地。

3.3　湿地空间格局变化

3.3.1　湿地面积和空间格局变化

　　利用 GIS 技术，制作出吉林省西部 1985 年、2000 年、2010 年三期的湿地空间分布图（图 3-6），统计不同时期各湿地类型的面积和湿地变化率（表 3-6）。

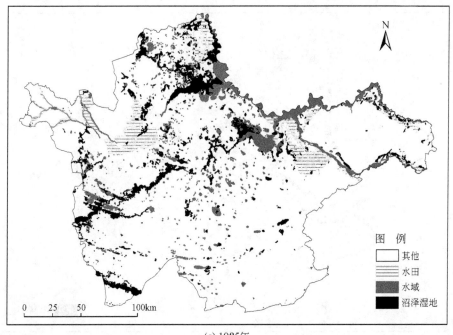

图 例
　　□ 其他
　　▤ 水田
　　▨ 水域
　　■ 沼泽湿地

0　25　50　　100km

(a) 1985年

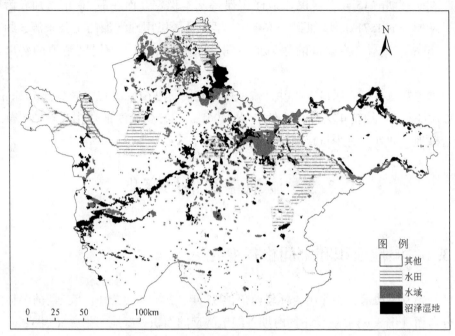

(b) 2000年

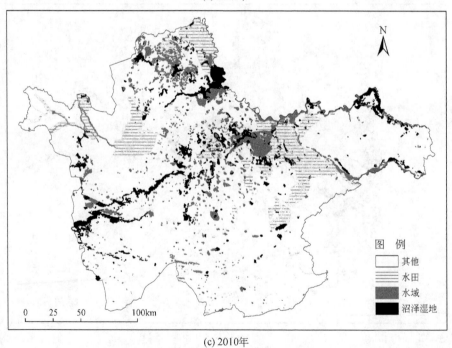

(c) 2010年

图 3-6 吉林省西部三期湿地空间分布

由表 3-6 可以看出，1985～2010 年，研究区湿地总面积呈持续上升趋势，增幅为 1674 km²，增加了 24.41%。湿地总面积的增加是由水田面积增加引起的。水田面积由 928km² 增加到 4451km²，增加了 3523km²，是原来面积的 4.8 倍。在不同时期内，水田增加速度是不同的。1985～2000 年，水田面积增加较为平缓，增幅为 1390km²，增长率为 92.67km²/a，到 2010 年，水田面积增加速度加快，在 10 年间增幅达到 2133km²，增长率为 213km²/a，是上一时期的 2.3 倍。自然湿地（水域和沼泽湿地）和水田的变化趋势相反，自然湿地面积由 5929km²（占全区总面积的 13%）减少到 4080km²（占全区面积比为 8%），共减少了 1849km²，下降率为 71km²/a。

表 3-6　吉林省西部三期湿地面积及变化率

湿地类型	湿地面积/km²			变化率/%		
	1985 年	2000 年	2010 年	1985～2000 年	2000～2010 年	1985～2010 年
水域	3150	2635	2314	−16.35	−12.18	−26.54
沼泽湿地	2779	2280	1766	−17.96	−22.54	−36.45
水田	928	2318	4451	149.87	92.02	379.63
全部湿地	6857	7233	8531	5.34	17.95	24.41

从湿地变化的空间来看（图 3-6），研究区的东中部、北部和西部湿地变化较大，且面积呈增加的趋势，而西南部和南部变化相对较小，且面积呈逐渐减少的趋势。各种类型湿地的空间格局变化也不一样，镇赉、大安和通榆自然湿地面积减少的较多，而前郭尔罗斯、洮南和镇赉的水田面积增加较多。

3.3.2　湿地转移特征

利用 ArcGIS 9.3 的 Intersect 空间分析手段，得到吉林省西部湿地与其他土地利用方式之间的空间转换（图 3-7）。

由表 3-4、表 3-5 和图 3-7 可以看出，1985～2010 年，自然湿地面积丧失较大，主要向耕地（水田和旱田）、草地和盐碱地转移。有 34.87% 的沼泽湿地和 19.52% 的水域被开垦为耕地，有 19.17% 的沼泽湿地转化为草地，7.45% 的沼泽湿地和 6.18% 的水域转化为盐碱地。从空间上看，自然湿地丧失较大的区域主要集中分布在嫩江、西流松花江沿岸，以及查干泡、月亮泡等湖泊附近。分析其主

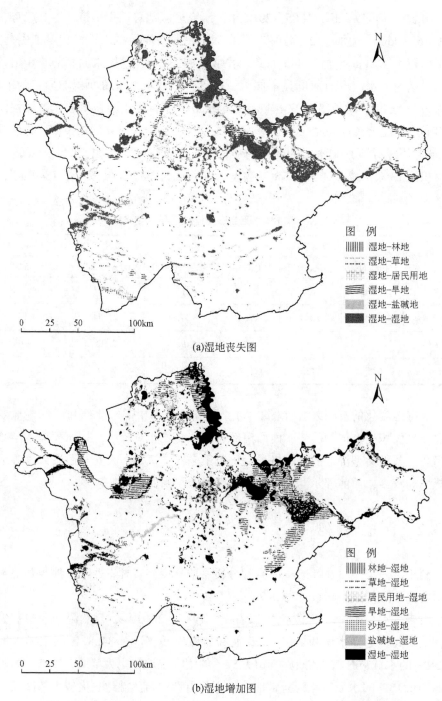

(a)湿地丧失图

(b)湿地增加图

图 3-7　1985～2010 年湿地与其他土地利用方式之间的空间转换图谱

要原因在于以下两方面：一是吉林省西部人口增加速度较快，家庭联产承包责任制的实行使农村的生产力实现了迸发性释放，农牧业快速扩张，大量自然湿地被开垦为耕地；二是近几十年来吉林省西部生态环境逐渐恶化，气温明显上升，降雨量和径流量明显减少，旱涝灾害频繁发生，土地退化日益严重。综上，人为因素和自然因素是造成研究区自然湿地的丧失和退化的主要原因。

1985～2010年，研究区湿地总量的增加主要是水田面积增加造成的。水田面积增加方式有旱田改水田和荒地改水田两种方式，其中以第一种方式为主。旱田改水田的面积占水田总量的51.22%，沼泽湿地改水田的面积占12.39%，草地改水田的面积占11.54%，盐碱地改水田的面积占4.2%。究其原因，有经济利益驱动的因素，更重要的原因在于社会经济政策的实施。2008年，吉林省人民政府开始实施《吉林省增产百亿斤商品粮能力建设总体规划》，计划完成引水、灌区建设和改造、中部黑土地保护和西部土地整理等十一大工程，实现粮食生产能力由目前的500亿斤提高到600亿斤的目标。《吉林省增产百亿斤商品粮能力建设总体规划》所实施的4项重点水利工程（哈达山水利枢纽工程、引嫩入白工程、大安灌区工程、中部引松供水工程）中有3项位于吉林省西部。大规模的水利建设工程、土地开发整理工程、人工芦苇湿地建设工程使吉林省西部水田面积大幅度增加。从空间上看，水田面积增加的区域主要位于引嫩入白工程、哈达山水利枢纽工程、大安灌区工程三大工程区。

3.4 湿地变化热点地区的确定

计算出每个时期各网格的湿地率，然后用后一个年份的湿地率减去前一个年份的湿地率，并对湿地率的差值进行克里格插值，得到吉林省西部各时期湿地变化率图（图3-8）。

1985～2000年间，研究区的东部和北部湿地增加明显，而西南部和中南部湿地有明显的降低。2000～2010年，湿地增加较明显的地区是前郭尔罗斯和松原的西部地区，研究区北部边缘的镇赉县和白城市湿地也有一定的增加，而研究区的西南部和南部湿地率明显下降。整体上看，研究区东中部的前郭尔罗斯、松原、北部镇赉和西部白城湿地增加明显，而其他地区湿地明显下降（图3-8）。

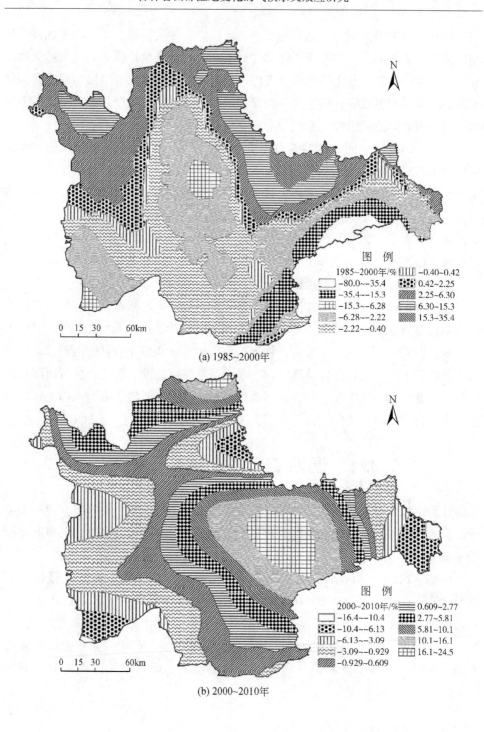

(a) 1985~2000年

图 例
1985~2000年/%　　　▥ -0.40~0.42
□ -80.0~-35.4　　　▦ 0.42~2.25
▨ -35.4~-15.3　　　▧ 2.25~6.30
▤ -15.3~-6.28　　　▨ 6.30~15.3
▥ -6.28~-2.22　　　▨ 15.3~35.4
▧ -2.22~-0.40

0　15　30　　60km

(b) 2000~2010年

图 例
2000~2010年/%　　　▬ 0.609~2.77
□ -16.4~-10.4　　　▦ 2.77~5.81
▦ -10.4~-6.13　　　▨ 5.81~10.1
▥ -6.13~-3.09　　　▨ 10.1~16.1
▧ -3.09~-0.929　　　▦ 16.1~24.5
▨ -0.929~0.609

0　15　30　　60km

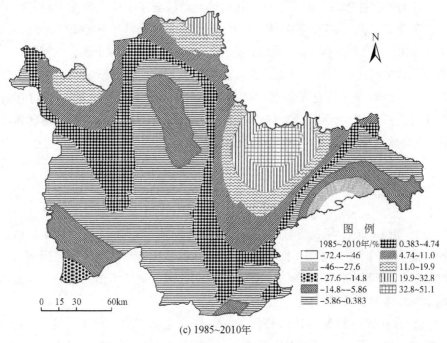

(c) 1985~2010年

图 3-8　吉林省西部湿地变化率

利用 CrimeStat 软件，分别对两个时期 32 个网格湿地变化率进行热点探测，得到吉林省西部地区湿地变化的热点分布图（图 3-9）。由图 3-9 可以看出，

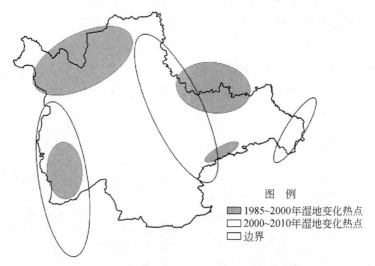

图 3-9　吉林省西部地区湿地变化的热点分布

1985～2000年吉林省西部地区湿地变化的热点地区有4个,主要位于研究区的西北部、东北部、西南部和东南部,以位于研究区西北部的热点地区面积最大。2000～2010年西部地区湿地变化的热点地区有3个,主要位于前郭尔罗斯和松原的西部、研究区的西南部和东部边缘,其中以位于前郭尔罗斯的热点地区面积最大。1985～2010年,研究区的西南部、前郭尔罗斯和松原的西部一直存在着湿地变化的热点地区,研究区的西南部是自然湿地减少的热点地区,而前郭尔罗斯和松原的西部是人工湿地(水田)增加的热点地区。

3.5　本章小结

(1) 1985～2010年,吉林省西部湿地总面积显著增加,增幅为24.41%。各湿地类型面积的变化趋势不同,其中自然湿地的面积逐渐减少,而水田面积大幅度增加。从空间分布上看,研究区的东中部和北部湿地呈增加的趋势,而西南部和南部呈逐渐减少的趋势。

(2) 吉林省西部湿地转移特征是,自然湿地面积丧失较大,主要向耕地、草地和盐碱地转移。水田面积显著增加,水田面积增加方式有旱田改水田和荒地改水田两种方式。从空间上看,自然湿地丧失较大的区域主要集中分布在嫩江、西流松花江沿岸,以及查干泡、月亮泡等湖泊附近,水田面积增加的区域主要位于引嫩入白工程、哈达山水利枢纽工程、大安灌区工程的三大工程区。

(3) 吉林省西部湿地变化的热点地区由1985～2000年的4个减少为2000～2010年的3个,其中研究区的西南部、前郭尔罗斯和松原的西部一直存在着湿地变化的热点地区,而研究区的西北部在1985～2000年存在着湿地变化的热点地区,研究区的东部边缘在2000～2010年出现湿地变化的热点地区。

第4章 吉林省西部湿地变化的气候效应

　　湿地是对气候变化最敏感的生态系统，全球气候变化必将对湿地生态系统造成深刻影响。反之，湿地变化是否影响区域气候？它是如何影响的？本章选择湿地变化较为剧烈、生态环境较为脆弱的吉林省西部为研究区域，利用 GIS 和 RS 技术，结合气候倾向率、偏相关模型和克里格插值方法，对气象数据进行处理，分析湿地变化对气温和降水量的影响，探讨湿地变化的气候效应，为湿地格局的优化提供科学依据。

4.1 数据来源与研究方法

4.1.1 数据来源

　　5~9 月是研究区内植物和作物的生长季，下垫面的蒸发蒸腾作用显著，对区域气候影响大，所以我们选择了 5~9 月的气候数据，具体包括 1961~2013 年 5~9 月气温和降水量的格网数据（0.5°×0.5°），以及 1980~2013 年前郭尔罗斯、乾安和通榆气象站的气温和降水量数据。气象资料来源于中国气象数据网（http：//data. cma. cn/）。

4.1.2 研究方法

4.1.2.1 气候倾向率

　　采用气候倾向率研究气候的变化趋势。通过计算研究区各网格 1980~2013 年的气候倾向率，建立气候倾向率与湿地变化率之间的线性回归方程，进而定量分析湿地变化对气候的影响。在计算气候倾向率时，采用最小二乘法，计算气候要素样本 $\hat{X}_t$ 与时间 t 的线性回归方程：

$$\hat{X}_t = at + b$$

式中，b 为常数项；线性回归系数 a 即为气候倾向率，用于表示气候要素随时间的变化速率,分析气象要素的线性化趋势,a值的符号或正或负,表示气候要素呈现随时间或升高或降低的变化趋势,并且a的绝对值越大,表示变化速率越高[181-182]。

4.1.2.2　偏相关模型

采用偏相关模型对比分析湿地、林地和草地变化在气候调节中的作用。在多要素所构成的地理系统中,在不考虑其他要素的影响下,单独研究两个要素之间的相互关系的密切程度,这种方法称为偏相关分析。偏相关分析的任务就是在研究两个变量之间的线性相关关系时控制可能对其产生影响的变量。用以度量偏相关程度的统计量,称为偏相关系数,4个要素的偏相关系数的计算公式为

$$r_{12.34} = \frac{r_{12.3} - r_{14.3} r_{24.3}}{\sqrt{(1 - r_{14.3}^2)(1 - r_{24.3}^2)}}$$

式中,$r_{12.34}$表示3、4要素估定时,1、2要素之间的偏相关系数,$r_{12.3}$、$r_{14.3}$、$r_{24.3}$为3个要素的偏相关系数。

4.1.2.3　克里格插值

为了研究气候倾向率与湿地变化率之间的空间对应关系,利用克里格插值方法对气候倾向率进行插值。数据如符合正态分布,则直接利用克里格插值方法进行插值,如不符合正态分布,经过一定的数据转化使数据集服从正态分布从而削弱异常值的负面影响,然后再进行插值。

4.2　湿地变化对气温的影响

4.2.1　湿地变化对气温倾向率的影响

如表4-1所示,通过对湿地变化率分析发现,三个气象站所在区域的湿地变化情况明显不同。研究区前郭尔罗斯气象站(45°05′N, 124°52′E)所在网格的湿地变化率较大,1985～2010年湿地增长51.14%;乾安气象站(45°00′N, 124°01′E)所在网格的湿地变化率居三者之中间,1985～2010年湿地增长11.16%;而通榆气象站(44°47′N, 123°04′E)所在网格的湿地变化率较小,1985～2010年湿地增长仅为-0.37%。由于以上三个气象观测站所在纬度相近

（图 4-1），因此将前郭尔罗斯作为湿地增长较大区域的代表，乾安作为湿地增长居中区域的代表，通榆作为湿地变化较小区域的代表，通过研究以上三个典型地点气候变化来研究吉林省西部湿地变化的气候效应。

利用一元线性回归分析法对前郭尔罗斯气象站、乾安气象站和通榆气象站 1980 ~ 2013 年 5 ~ 9 月平均气温进行线性拟合（图 4-2）。拟合结果表明，前郭尔罗斯气象站（$r=0.616$，$n=34$，$\alpha=0.000106$）、乾安气象站（$r=0.654$，$n=34$，$\alpha=0.000027$）、通榆气象站（$r=0.610$，$n=34$，$\alpha=0.000128$）的 5 ~ 9 月气温都有显著性上升趋势，其线性倾向率分别为 0.0366℃/a、0.0462℃/a 和 0.0468℃/a，都通过了 $\alpha=0.01$ 的显著性检验（表 4-2）。

表 4-1　三个气象站所在网格不同年份的湿地率及湿地变化率（%）

气象站	湿地率		湿地变化率
	1985 年	2010 年	1985 ~ 2010 年
前郭尔罗斯气象站	7.97	59.12	51.14
乾安气象站	4.51	15.67	11.16
通榆气象站	3.91	3.54	-0.37

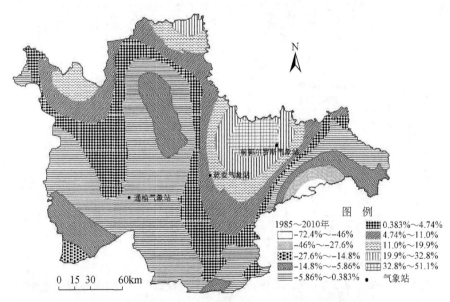

图 4-1　1985 ~ 2010 年湿地变化率及三个气象站分布

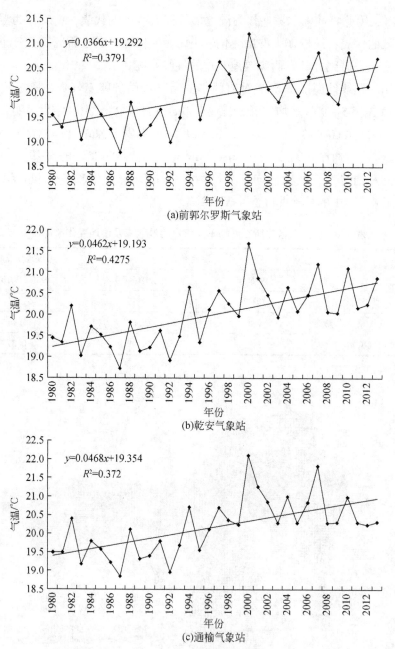

图 4-2　1980～2013 年前郭尔罗斯、乾安、通榆气象站 5～9 月平均气温变化趋势

表 4-2　气候倾向率与湿地变化率的 Pearson 相关系数

项目	降雨倾向率	平均气温倾向率	最高气温倾向率	最低气温倾向率
Pearson 相关系数	0.467**	0.185	-0.445*	0.268
显著性水平 （双尾度检验）	0.007	0.311	0.011	0.139
N	32	32	32	32

注：**代表在 0.01 水平上显著（双尾度检验），*代表在 0.05 水平上显著（双尾度检验）

前郭尔罗斯气象站、乾安气象站和通榆气象站的多年平均气温分别为19.292℃、19.193℃和19.354℃，湿地增长较多的区域（前郭尔罗斯）气温上升幅度最小，为1.24℃，湿地变化较小的区域（通榆）气温上升幅度最大，为1.57℃，湿地增长居中的区域（乾安）气温上升幅度居中，为1.59℃。由此表明，湿地增长可以减缓气温上升的幅度，主要原因是湿地长期或季节性积水，水热容量大，消耗太阳能多，地表增温缓慢，地层空气湿度增加，气候较周边地区冷湿，形成冷岛，在冷辐射和蒸发蒸散作用下，湿地具有增加湿度降低温度的功能，即冷湿效应。

4.2.2　湿地变化对气温影响的数值模拟

为了研究湿地变化对气温的影响，我们选取平均气温、最高气温、最低气温指标，计算出 1980~2013 年 5~9 月网格平均气温倾向率、最高气温倾向率和最低气温倾向率，并利用 SPSS 软件建立它们与湿地变化率的 Pearson 相关系数（表4-2）。结果表明，最高气温倾向率与湿地变化率之间相关性显著，建立最高气温倾向率与湿地变化率的回归模型，见式（4-1）。

$$y = 0.052 - 0.00024x \tag{4-1}$$

式中，x 为湿地变化率（1985~2010 年）；y 为最高气温倾向率（1980~2013年）。

经 F 检验（$F = 7.4$，$n = 32$，$\alpha = 0.011$），回归模型（4-1）在 0.011 水平上显著，由此可以看出，最高气温倾向率与湿地变化率之间呈负相关关系，说明随着湿地增加，最高气温明显下降。湿地变化对 5~9 月的最高气温有明显的影响，达到了显著性水平。

由于 1980~2013 年研究区网格最高气温倾向率均在 0.05 水平上显著，且符合正态分布，所以我们对其进行克里格插值，得到研究区 5~9 月最高气温倾向率的空间分布图［图4-3（a）］。

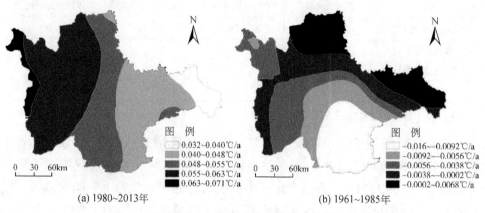

(a) 1980~2013年　　　　　　　　　　　(b) 1961~1985年

图4-3　研究区5~9月最高气温倾向率的空间分布

从图4-3（a）中看出，研究区5~9月最高气温倾向率均为正值，变化幅度为0.032~0.071℃/a，由东向西气温倾向率有逐渐增加的趋势。研究区的西南部增温明显，而东部增温幅度较小。在空间分布上，气温倾向率与湿地变化率之间呈现出较好的对应关系，研究区西南部正是湿地明显下降的区域，而东中部却是湿地明显上升区域［图3-8（c）］。由此可以看出，湿地变化明显影响5~9月的最高气温变化，湿地增加可以减缓最高气温上升的幅度。主要原因为湿地长期或季节性积水，地层空气湿度大，由于水热容量大，消耗太阳能多，所以地表增温缓慢，气候较周边地区冷湿。

对比1980~2013年和1961~1985年最高气温倾向率分布图，发现二者的空间格局差异较大。1961~1985年最高气温倾向率是由南向北逐渐升高，由负值逐渐转变为正值，最低值出现在研究区的东南部，最高值出现在研究区的北部［图4-3（b）］。出现这种差异，我们认为是由于两个时段内的下垫面格局变化引起最高气温倾向率空间格局变化。有数据显示，1954~1986年研究区自然湿地面积减少了3940km²，动态度为1.83[25]，与1980~2013年下垫面格局明显不同。由此我们认为，是湿地变化造成了两个时段内最高气温倾向率在空间分布出现上述转变，这是湿地变化能够调节局地最高气温的进一步证实。

1985~2010年，研究区草地和林地面积也发生了较大变化，这种变化对区域气温是否会产生一定的影响？它们的影响作用是否比湿地更重要？为此，我们通过计算偏相关系数比较了湿地、草地和林地对最高气温的影响（表4-3）。

表 4-3　湿地、草地和林地变化率与最高气温倾向率的偏相关系数

相关变量	控制变量	偏相关系数	自由度	显著性水平
湿地变化率	林地变化率、草地变化率	−0.522	28	0.003
草地变化率	湿地变化率、林地变化率	−0.329	28	0.075
林地变化率	湿地变化率、草地变化率	0.296	28	0.112

由表 4-3 可以看出，湿地变化率与最高气温倾向率的偏相关系数最大，达 0.522，显著性水平最高（$\alpha = 0.003$），其次是草地变化率，在 0.075 显著性水平上显著，而林地变化率与最高气温倾向率的偏相关系数没有通过显著性检验（$\alpha = 0.112$）。说明研究区域湿地变化是影响 5～9 月最高气温的主要因素。

4.3　湿地变化对降水量的影响

4.3.1　湿地变化对降水量倾向率的影响

利用一元线性回归分析法对前郭尔罗斯气象站、乾安气象站和通榆气象站 1980～2013 年 5～9 月的降水量进行线性拟合（图 4-4）。拟合结果表明，前郭尔罗斯气象站（$r = -0.078$，$n = 34$，$\alpha = 0.661$）、乾安气象站（$r = -0.117$，$n = 34$，$\alpha = 0.511$）和通榆气象站（$r = -0.335$，$n = 34$，$\alpha = 0.05$）的 5～9 月降水量都有显著下降趋势，其线性倾向率分别为 −0.7394mm/a、−1.2603mm/a 和 −3.2705 mm/a，除通榆气象站通过了 0.05 显著性水平检验外，前郭尔罗斯气象站和乾安气象站没有通过显著性水平检验（表 4-4）。

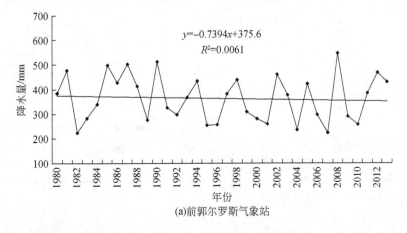

(a)前郭尔罗斯气象站

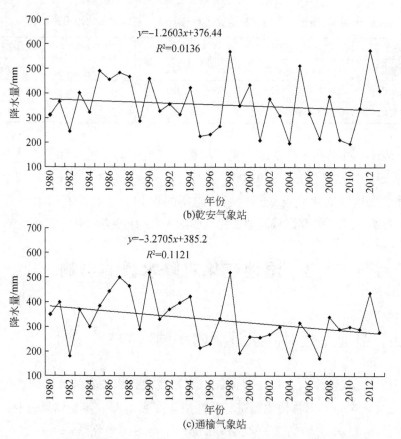

(b)乾安气象站

(c)通榆气象站

图 4-4　1980～2013 年前郭尔罗斯、乾安和通榆气象站 5～9 月降水量变化趋势

表 4-4　降水量方差分析表

模型		平方和	自由度	均方差	F 值	显著性水平
前郭尔罗斯气象站	回归	1788.988	1	1788.988	0.196	0.661[b]
	残差	292609.614	32	9144.050		
	总计	294398.602	33			
乾安气象站	回归	5198.193	1	5198.193	0.441	0.511[b]
	残差	377113.262	32	11784.789		
	总计	382311.456	33			
通榆气象站	回归	35002.817	1	35002.817	4.038	0.050[b]
	残差	277374.704	32	8667.959		
	总计	312377.520	33			

注：b 为因变量，表示降水量倾向率。

前郭尔罗斯气象站、乾安气象站和通榆气象站的多年平均降水量分别为357.3mm、345.8mm 和 321.1mm，湿地率增长较大区域（前郭尔罗斯）降水量下降幅度最小，为 25.1mm，湿地率变化较小的区域（通榆）降水量下降幅度最大，为 111.2mm，湿地率增长居中的区域（乾安）降水量下降幅度居中，为42.9mm，说明湿地增长可以减缓降水量的下降幅度，湿地的冷湿效应可以降低气候暖化危害程度。

4.3.2　湿地变化对降水量影响的数值模拟

为了研究湿地变化与降水量变化之间的关系，计算出 1980~2013 年 5~9 月网格降水量倾向率，并利用 SPSS 软件建立降水量倾向率与湿地变化率的 Pearson 相关系数，为 0.467，通过了显著性检验，显著水平为 0.007。降水量倾向率与湿地变化率的一元线性回归模型见式（4-2）。

$$y_1 = -2.897 + 0.017x_1 \qquad (4-2)$$

式中，x_1 为湿地变化率（1985~2010 年），y_1 为降水量倾向率（1980~2013 年）。

经 F 检验（$F=8.346$，$n=32$，$\alpha=0.007$），回归模型（4-2）在 0.01 水平上显著，由此可以看出湿地变化对 5~9 月的降水量变化有较大的影响，二者之间呈现正相关关系。随着湿地变化率的升高，湿地面积增加，降水量倾向率随之增加，反之，湿地变化率下降，湿地面积减少，降水量倾向率下降。由于研究区降水量倾向率均小于 0，所以湿地面积增加使降水量下降的幅度减小，反之，湿地面积减少使降水量下降的幅度增大。

由于网格降水量倾向率均在 0.01 水平上显著，并且符合正态分布，因此对其进行利用克里格插值，得到研究区 5~9 月降水量倾向率的空间分布图（图4-5）。由图4-5（a）可以看出，研究区降水量倾向率均为负值，变化幅度为 -4.34~-1.51mm/a。降水量倾向率的绝对值由东向西有逐渐增加的趋势。研究区中东部和东部降水量倾向率的绝对值最小，降水量下降幅度最小，研究区的西南部降水量倾向率的绝对值最大，降水量下降幅度最大。在空间分布上，降水量倾向率与湿地变化率之间存在较好的对应关系，研究区东部正是湿地变化率明显增加区域，而西南部是湿地变化率明显下降的区域。由此可以看出，湿地变化不仅影响5~9 月的最高气温，而且也影响着降水量变化。此外，1980~2013 年和 1961~1985 年，研究区降水量倾向率的空间格局差异较大［图4-5（b）］，我们认为，这也是湿地变化造成的上述差异此种差异，由此表明湿地增长可以减缓降水量的下降，湿地的"致湿效应"可以降低气候暖化危害程度。

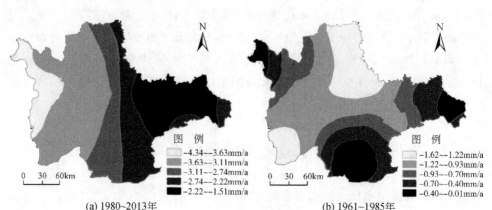

(a) 1980~2013年　　　　　　　　(b) 1961~1985年

图4-5　研究区5~9月降水量倾向率的空间分布

利用偏相关系数就湿地、草地和林地对研究区降水量变化的影响作用进行比较（表4-5），结果表明，在三者中，湿地变化率与降水量倾向率的偏相关系数最大，达0.562，显著性水平最高（$\alpha=0.001$），其次是草地变化率，偏相关系数为0.308（$\alpha=0.059$），而林地变化率与降水量倾向率的偏相关系数没有通过显著性检验（$\alpha=0.178$），从而验证了湿地变化是影响研究区降水量的重要因素。

表4-5　湿地、草地和林地变化率与降水量倾向率的偏相关系数

相关变量	控制变量	偏相关系数	自由度	显著性水平
湿地变化率	林地变化率、草地变化率	0.562	28	0.001
草地变化率	湿地变化率、林地变化率	0.308	28	0.059
林地变化率	湿地变化率、草地变化率	-0.252	28	0.178

4.4　问题讨论

观测与理论研究已经证实，由于不同下垫面的能量分配不同，下垫面发生变化后，原来地气系统之间的辐射、热量和水分平衡关系随之发生变化，如反射率和粗糙度等都有明显的变化，这必然会导致气候的变化，所以下垫面改变常常是影响气候变化的重要因素[183]。目前对下垫面变化的气候效应研究多集中于全球尺度和区域尺度，主要利用全球气候模式和区域气候模式进行数值模拟。由于这两类气候模式的空间分辨率较低，当研究区域较小时，便不能正确描述地形和陆

面物理特征，导致模拟结果不理想，这给下垫面变化的局地尺度气候效应的数值
模拟研究带来了一定困难。对已有观测气象数据进行统计分析，建立气候变化与
下垫面变化之间的数学模型，是目前研究下垫面变化对局地气候效应影响的一种
有效方法，本书以此为出发点，利用已有的观测气象数据，研究湿地变化对于局
地气候的调节作用，从得到的结果看，这种方法学上的尝试是可行的。

　　Yan 和 Richard[184] 和 Mahfouf 等[185] 研究了非灌溉区构成的非均一性下垫面对
局地环流的影响，得出灌溉地带和非灌溉地带之间下垫面物理属性的非均一性通
过影响温、湿、风、降水的空间分布，对该地区及其邻域的短期降水能够产生更
为明显的影响。在半干旱地区，裸地和植被的过渡地带、灌溉地带和非灌溉地带
的过渡地带通常是产生大气对流的最佳地点，在适合的天气背景下，非均一性下
垫面所激发的气流上升运动更强，容易诱发对流雨[186-189]。研究区湿地面积增加
主要是水田面积增加造成的，水田是一个特殊的下垫面，属于湿地的一种类型，
同样具有"冷岛"效应。由于研究区地处半干旱区，水田与其他地类组合构成
的下垫面的非均一性更加凸显，水田"冷岛"效应更加强烈，造成水田与周围
地块间产生强烈的热力差异，这与 Yan 等和 Mahfouf 等所研究的灌溉区-非灌溉
区构成的非均一性下垫面相似，在半干旱区，水田的这种热力效应和动力效应容
易在适合的天气背景下诱发中小尺度对流，有利于降水的产生，从而保持了局地
的湿度和降雨量。

　　湿地自身的特殊结构和功能，导致气候较周边地区冷湿，湿地具有增加湿度
降低温度的冷湿的气候效应，已得到较为广泛的共识。湿地减少后会造成湿地集
中分布区出现气候的暖干化[111]，相反地，湿地增加后会造成湿地集中分布区出
现气候的冷湿化。研究区区域的中东部湿地增长明显，气温上升幅度较小，降水
量减小较少，而西部和中南部湿地丧失面积较大，气温上升幅度较大，降水量减
小较多，这从某种程度上证实了湿地调节局地气候的生态服务功能。

　　认知湿地下垫面对局地气候的影响，对揭示湿地生态功能，评价湿地在全球
环境中的地位具有重要意义。本章研究的结果表明湿地对于调节局部气候具有一
定的作用，但湿地调节气候的过程、湿地能量转换过程（大气、植被和土壤表面
之间的辐射过程、感热和潜热交换、土壤中热传导等），以及湿地水文过程（大
气降水、地表地下径流、湿地表面的水汽蒸发、植被的蒸腾、冰雪的融化和冻结
等）对于调节局地气候存在一定的影响，相关的过程和机制还需作更深入的分析
研究。

4.5　本章小结

（1）土地利用格局的变化改变了研究区的下垫面，继而使区域内的气候变化出现差异。与林地和草地变化对气候变化的贡献相比，湿地变化在调节局地气候中发挥着更主要的作用。

（2）研究区湿地面积变化对区域内气候产生的影响，主要表现为最高气温和降水量的变化，最高气温倾向率与湿地变化率之间呈明显的负相关关系，降水量倾向率与湿地变化率之间呈正相关关系。湿地面积的增加发挥了降低温度的冷湿气候效应，对于调节局地气候具有一定的作用。

（3）研究区最高气温倾向率和降水量倾向率与湿地空间格局呈现较好的空间对应关系，研究区内湿地增长明显的中东部和东部，最高气温上升幅度较小，降水量减小较少；而湿地丧失面积较多的西南部，最高气温上升幅度较大，降水量减小较多，气候暖干化趋势明显。

第 5 章 湿地变化的水文效应

湿地在调蓄流域洪水、净化河流水质、调节气候、维持生物多样性和区域生态安全等方面发挥着巨大作用，对地区、区域乃至全球气候变化、经济发展和人类生存环境有着重要的影响。近年来，气候变化和频繁的人类活动深刻地改变着流域的水文过程，引起径流量减少和湿地退化等问题[190]，水文性质对湿地的形成与发展起着至关重要的作用，而湿地的演变对径流的变化也有着直接的影响。为了进一步分析湿地变化的环境效应，研究湿地变化的水文效应，我们选择吉林省西部的洮儿河流域为研究区域。为了保持流域的完整性，我们以整个洮儿河流域为研究区域。由于沼泽湿地对水文影响较大，这里仅研究沼泽湿地的水文效应。

本章在分析洮儿河流域湿地变化的基础上，利用灰色关联度模型定量分析径流量与各土地利用方式之间的相互关系。在此基础上分析湿地变化对径流量统计特征值的影响，估算下垫面变化特别是沼泽湿地变化对洮儿河流域年均径流量影响，定量分析湿地变化的水文效应。目前，研究区域内的洮儿河流域湿地变化显著，对全流域的湿地生态系统造成极大的影响，因此在洮儿河流域研究湿地变化的水文效应对于更深入系统地研究和解决该地区水资源问题有着特殊的重要意义。

5.1 数据来源与研究方法

5.1.1 数据来源

水文效应研究数据包括：1985～2010 年洮儿河土地利用图、洮儿河流域气象站气温和降水数据（1985～2010 年）、流域下游的洮南、镇西和黑帝庙水文站径流量数据（1980～2010 年）。土地利用图通过解译遥感影像获得，由 USGS（http：//www.usgs.gov/）提供，气象资料来源于中国气象数据网（http：//data.cma.cn/）。

5.1.2　研究方法

5.1.2.1　灰色关联分析

灰色关联分析是对一个系统发展变化态势进行定量描述和比较的方法，其基本思想是通过确定参考数据列和若干个比较数据列的几何形状相似程度来判断二者联系是否紧密。灰色关联分析的具体计算步骤如下。

第一步，确定分析数列。

确定反映系统行为特征的参考数列和影响系统行为的比较数列。反映系统行为特征的数据序列，称为参考数列。影响系统行为的因素组成的数据序列，称为比较数列。设参考数列（又称母序列）为 $Y = \{Y(k) \mid k = 1, 2, \cdots, n\}$；比较数列（又称子序列）$X_i = \{X_i(k) \mid k = 1, 2, \cdots, n\}$，$i = 1, 2, \cdots, m$。

第二步，变量的无量纲化。

由于系统中各因素列中的数据可能因量纲不同，不便于比较或在比较时难以得到正确的结论，因此在进行灰色关联度分析时，一般都要进行数据的无量纲化处理。

第三步，计算关联系数。

$x_0(k)$ 与 $x_i(k)$ 的关联系数：

$$\xi_i(k) = \frac{\min_i\min_k |y(k) - x_i(k)| + \rho \max_i\max_k |y(k) - x_i(k)|}{|y(k) - x_i(k)| + \rho \max_i\max_k |y(k) - x_i(k)|}$$

记 $\Delta_i(k) = |y(k) - x_i(k)|$，则

$$\xi_i(k) = \frac{\min_i\min_k \Delta_i(k) + \rho \max_i\max_k \Delta_i(k)}{\Delta_i(k) + \rho \max_i\max_k \Delta_i(k)}$$

式中，$\rho \in (0, \infty)$ 称为分辨系数。ρ 越小，分辨力越大，一般 ρ 的取值区间为 $(0, 1)$，具体取值可视情况而定。当 $\rho \leqslant 0.5463$ 时，分辨力最好，通常取 $\rho = 0.5$。

第四步，计算关联度。

因为关联系数是比较数列与参考数列在各个时刻的关联程度值，所以它的数不止一个，而信息过于分散不便于进行整体性比较，因此有必要将各个时刻的关联系数集中为一个值，即求其平均值，作为比较数列与参考数列间关联程度的数量表示，关联度 r_i 公式如下：

$$r_i = \frac{1}{n} \sum_{k=1}^{n} \xi_i(k), \ k = 1, 2, \cdots, n$$

第五步，关联度排序。

关联度按大小排序，如果 $r_1 < r_2$，则参考数列 y 与比较数列 x_2 更相似。

5.1.2.2　Mann-Kendall 突变检测方法

Mann-Kendall 是非参数统计检验方法，又称无分布检验，其优点是不需要样本遵从一定的分布，也不受少数异常值的干扰，检测范围宽、人为干扰少、定量化程度高。

设气候序列为 x_1, x_2, $\cdots$, x_N, m_i 表示第 i 个样本 $x_i > x_j$（$1 \leqslant j \leqslant i$）的累计数，定义统计量：

$$d_k = \sum_{i=1}^{k} m_i$$

在时间序列随机独立的假定下，d_k 的均值和方差分别为

$$E[d_k] = k(k-1)/4$$
$$\mathrm{var}[d_k] = k(k-1)(2k+5)/72 \quad 2 \leqslant k \leqslant N$$

将 d_k 标准化：

$$u(d_k) = (d_k - E[d_k])/\sqrt{\mathrm{var}[d_k]}$$

给定显著性水平 α，若 $|u| > u\alpha$，则表明序列存在明显的趋势变化，所有 u 可组成一条曲线。将此方法引用到反序列，也可以画出另外一条曲线，画出 UF（k）和 UB（k）曲线，如果两条曲线的交叉点在信度线之间，这点便是突变点的开始。

5.2　洮儿河流域概况

洮儿河流域的大致地理位置是 45°~47°N，120°~124°E（图 5-1），河流全长为 553km，流域总面积为 4.35 万 km²，地势西北高东南低。作为松嫩平原西部嫩江的主要支流，洮儿河位于吉林省西部白城市和内蒙古兴安盟境内，其源头在内蒙古科尔沁右翼前旗大兴安岭的高岳山，洮儿河在吉林省境内河道长 235km，流域面积为 1.26 万 km²。洮儿河自西向东流经科尔沁右翼前旗、乌兰浩特市、突泉县、洮南市、白城市、大安市。该流域属于大陆性季风气候区，夏热冬冷，四季分明，多年平均降水量 401.1mm，降水年内集中在 6~9 月，年蒸发量 1780~1910mm，多年平均日照时数为 2929h，年无霜期平均达到 160 天左右。该

研究区主要土壤是草甸黑钙土、淡黑钙土、草甸土、风沙土及沼泽土，其中地带性土壤是黑钙土、淡黑钙土和栗钙土。洮儿河流域地处于农业区和牧业区的过渡地带，植被类型以森林和草地为主，植被覆盖率较低，水土流失较为严重。

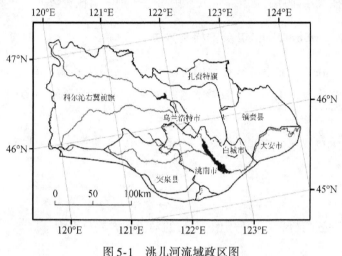

图 5-1　洮儿河流域政区图

5.3　洮儿河流域土地利用变化

5.3.1　洮儿河流域土地利用变化特征

基于 ArcGIS 技术，计算得到 1985 年、1995 年、2000 年、2005 年和 2010 年五期洮儿河流域土地类型面积及比例（表 5-1），并制作出洮儿河流域不同时期的土地利用空间分布图（图 5-2）。

表 5-1　1985～2010 年洮儿河流域土地利用类型面积及比例

年份	项目	耕地	林地	草地	水域	居民用地	沼泽湿地	沙地	盐碱地	未利用地
1985	面积/km²	12045	10614	15338	1262	892	1462	13	1871	4
	比例/%	27.69	24.40	35.26	2.90	2.05	3.36	0.03	4.30	0.01
1995	面积/km²	14538	8417	15360	1570	783	914	22	1897	4
	比例/%	33.42	19.35	35.31	3.61	1.80	2.10	0.05	4.36	0.01
2000	面积/km²	14703	8465	15168	1009	900	1418	13	1818	4
	比例/%	33.80	19.46	34.87	2.32	2.07	3.26	0.03	4.18	0.01

续表

年份	项目	耕地	林地	草地	水域	居民用地	沼泽湿地	沙地	盐碱地	未利用地
2005	面积/km²	18944	13194	8004	744	1066	683	17	844	0
	比例/%	43.55	30.33	18.40	1.71	2.45	1.57	0.04	1.94	0.00
2010	面积/km²	15290	17944	7095	822	905	635	4	805	0
	比例/%	35.15	41.25	16.31	1.89	2.08	1.46	0.01	1.85	0.00

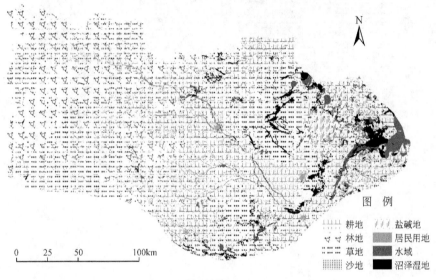

(a) 1985年

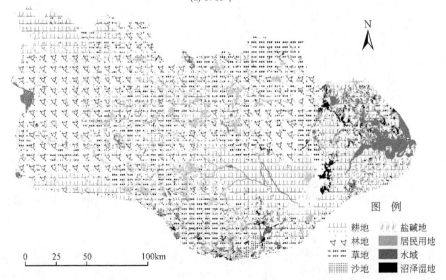

(b) 1995年

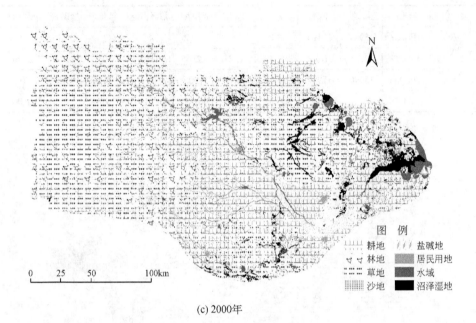

(c) 2000年

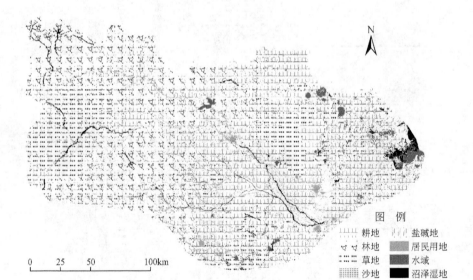

(d) 2005年

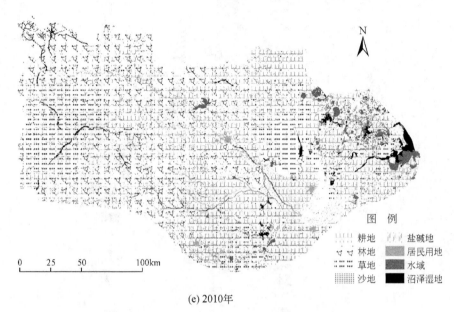

(e) 2010年

图 5-2　1985～2010 年洮儿河流域土地利用分布

　　由表 5-1 可知，洮儿河流域主要的土地利用类型是耕地、林地和草地，到
2010 年，耕地面积占整个流域的 35.15%，林地面积占整个流域的 41.25%。受
自然因素和人文因素影响，该地区 1986～2010 年各种土地利用类型面积及比例
波动幅度较大，其中，草地、盐碱地和沼泽湿地面积呈不断减少的趋势，耕地、
林地及水域面积呈先增加后减少趋势。

　　由图 5-2 可以看出，20 世纪 80 年代林地大部分位于流域中上游地区，到
2010 年，下游地区有大面积林地出现；沼泽湿地和水域主要位于中下游地区，
并呈不断减少的趋势；居民用地分散位于中下游；耕地主要位于流域中下游，呈
先增多后减少的趋势；草地在中上游地区分布较多，但呈不断减少的趋势；盐碱
地主要位于中下游地区，也呈不断减少态势。

5.3.2　洮儿河流域湿地变化特征

　　利用 GIS 技术，制作出洮儿河流域在 1985 年、1995 年、2000 年、2005 年和
2010 年五个时期的湿地空间分布图（图 5-3）。

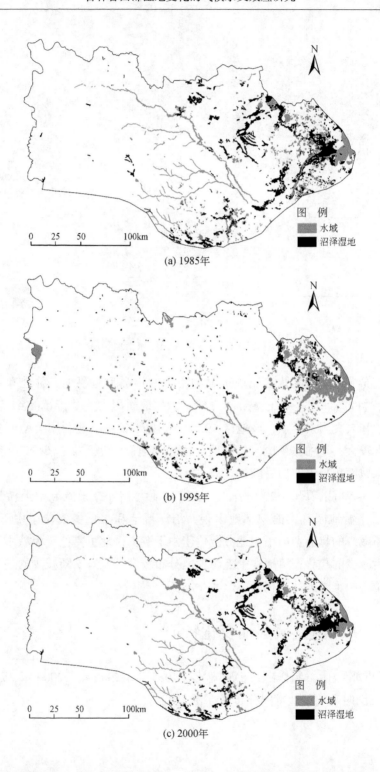

(a) 1985年

(b) 1995年

(c) 2000年

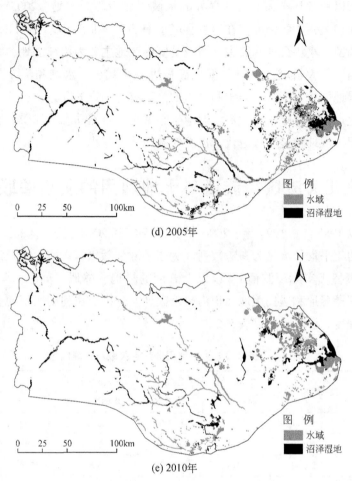

(d) 2005年

(e) 2010年

图 5-3　1985～2010 年洮儿河流域湿地空间分布变化

　　如图 5-3 可知，1985～2010 年，洮儿河流域的湿地面积呈现下降趋势，在空间分布上，该流域上游湿地呈条状和零星点状分布，下游则呈集中连片状分布于研究区的东部。1985 年的湿地主要分布于扎赉特旗、镇赉县、大安市、白城市、洮南市、乌兰浩特市及科尔沁右翼前旗东部，其中，水域主要分布于镇赉县的东南部、大安市的东北部及镇赉县和大安市的交界位置，沼泽湿地主要分布于镇赉县南部、洮南市、白城市，呈条状分布，此外在扎赉特旗东南部和科尔沁右翼前旗东部也有分布；1995 年该流域内湿地面积有所减少，特别是洮南市的湿地面积减少情况最为明显，是由 1985～1995 年的洮儿河流域降水量下降及人为围垦造成的；由于 1995～2000 年洮儿河流域气温趋高，出现连续干旱现象，蒸发过程加剧，所以镇赉县与大安县交界处的水域转变为沼泽湿地；2005 年洮儿河流域的湿地面积大幅度萎缩，仅在镇赉县境东南部和西北部、大安市东北部、扎赉特旗东北部留有小块湿地，其中，镇赉县境内湿地主要为沼泽湿地，大安市和扎赉特旗境内主要为水域；2010 年湿地面积进一步减少，水域和沼泽湿地面积大体相当，湿地面积不断减少与水利设施的修建有着一定的联系，由于水利设施使流域内的生态用水直接受到截流，湿地生态系统的自然动态节律受到影响而发生改变，引起了湿地植被整体退化，进而使湿地面积缩小。

5.4　洮儿河流域径流量与土地利用的灰色关联度分析

本书以 1985 年、1995 年、2000 年、2005 年和 2010 年位于洮儿河下游的镇西水文站的年平均径流量为参考数列（为了消除偶然因素影响，取径流量的三年移动平均值替代实际观测值），以以上五期的耕地、林地、草地、水域、沙地、盐碱地、沼泽湿地和居民用地面积为比较数列，分析土地利用面积的变化对径流量的影响程度。计算过程见表 5-2。

表 5-2　径流量与土地利用的灰色关联度计算结果

年份	径流量/(m/s)	沼泽湿地面积/km²	径流量标准化	沼泽湿地面积标准化	序列差	关联系数
1985	51.77	1462	1.0000	1.0000	0.0000	1.0000
1995	40.10	914	0.7746	0.6252	0.1495	0.8379
2000	20.30	1418	0.3921	0.9699	0.5778	0.5721
2005	12.70	683	0.2453	0.4672	0.2218	0.7769
2010	9.90	635	0.1913	0.4343	0.2430	0.7607
灰色关联度						0.7895
年份	径流量/(m/s)	耕地面积/km²	径流量标准化	耕地面积标准化	序列差	关联系数
1985	51.77	12045	1.0000	1.0000	0.0000	1.0000
1995	40.10	14538	0.7746	1.2070	0.4323	0.6411
2000	20.30	14703	0.3921	1.2207	0.8285	0.4825
2005	12.70	18944	0.2453	1.5728	1.3274	0.3678
2010	9.90	15290	0.1913	1.2694	1.0781	0.4174
灰色关联度						0.5818

续表

年份	径流量/(m/s)	林地面积/km²	径流量标准化	林地面积标准化	序列差	关联系数
1985	51.77	10614	1.0000	1.0000	0.0000	1.0000
1995	40.10	8417	0.7746	0.7930	0.0184	0.9768
2000	20.30	8465	0.3921	0.7975	0.4054	0.6558
2005	12.70	13194	0.2453	1.2431	0.9977	0.4363
2010	9.90	17944	0.1913	1.6906	1.4993	0.3400
灰色关联度						0.6818

年份	径流量/(m/s)	草地面积/km²	径流量标准化	草地面积标准化	序列差	关联系数
1985	51.77	15338	1.0000	1.0000	0.0000	1.0000
1995	40.10	15360	0.7746	1.0014	0.2268	0.7730
2000	20.30	15168	0.3921	0.9889	0.5968	0.5641
2005	12.70	8004	0.2453	0.5218	0.2765	0.7364
2010	9.90	7095	0.1913	0.4626	0.2713	0.7401
灰色关联度						0.7627

年份	径流量/(m/s)	水域面积/km²	径流量标准化	水域面积标准化	序列差	关联系数
1985	51.77	1262	1.0000	1.0000	0.0000	1.0000
1995	40.10	1570	0.7746	1.2441	0.4694	0.6220
2000	20.30	1009	0.3921	0.7995	0.4074	0.6547
2005	12.70	744	0.2453	0.5895	0.3442	0.6917
2010	9.90	822	0.1913	0.6513	0.4600	0.6267
灰色关联度						0.7190

年份	径流量/(m/s)	沙地面积/km²	径流量标准化	沙地面积标准化	序列差	关联系数
1985	51.77	13	1.0000	1.0000	0.0000	1.0000
1995	40.10	22	0.7746	1.6923	0.9177	0.4570
2000	20.30	13	0.3921	1.0000	0.6079	0.5596
2005	12.70	17	0.2453	1.3077	1.0624	0.4210
2010	9.90	4	0.1913	0.3077	0.1164	0.8691
灰色关联度						0.6613

续表

年份	径流量/(m/s)	盐碱地面积/km²	径流量标准化	盐碱地面积标准化	序列差	关联系数
1985	51.77	1871	1.0000	1.0000	0.0000	1.0000
1995	40.10	1897	0.7746	1.0139	0.2393	0.7635
2000	20.30	1818	0.3921	0.9717	0.5795	0.5713
2005	12.70	844	0.2453	0.4511	0.2058	0.7896
2010	9.90	805	0.1913	0.4303	0.2389	0.7637
灰色关联度						0.7776

年份	径流量/(m/s)	居民用地面积/km²	径流量标准化	居民用地面积标准化	序列差	关联系数
1985	51.77	892	1.0000	1.0000	0.0000	1.0000
1995	40.10	783	0.7746	0.8778	0.1032	0.8822
2000	20.30	900	0.3921	1.0090	0.6168	0.5560
2005	12.70	1066	0.2453	1.1951	0.9497	0.4485
2010	9.90	905	0.1913	1.0146	0.8233	0.4841
灰色关联度						0.6741

径流量与土地利用的灰色关联度计算结果表明（表5-2），各土地利用方式中，沼泽湿地与径流量的灰色关联度最大，为0.7895，其次为盐碱地、草地和水域，分别为0.7776、0.7627和0.7190，由此说明径流量变化与沼泽湿地关系最密切。

沼泽湿地土壤具有特殊的水文物理性质，湿地土壤的草根层和泥炭层孔隙度达72%~93%，饱和持水量达830%~1030%，每公顷沼泽湿地可蓄水8100m³[191]，是陆地上巨大的天然蓄水库，对减缓洪水向下游推进的速度、降低流速、削减洪峰、减轻洪水灾害具有举足轻重的作用，因此，湿地具有水系调节器的生态功能，它对径流量有较大的影响。关联度的分析结果证实了这一点。

5.5 洮儿河流域湿地变化对径流量统计特征值的影响

5.5.1 年平均径流量年际变化

以洮儿河流域下游为例，分析湿地与径流量、降雨量的关系。收集流域下游的洮南水文站、镇西水文站和黑帝庙水文站1985~2010年径流量，求其年均径流量，绘制径流量值波动图（图5-4）。如图5-4所示，除1998年洮儿河流域发生洪水灾害，水流入下游，最大值较为显著外，其他年均径流量波动减少，呈不断减少趋势，到2002年，年均径流量，接近 x 轴，流域接近枯水。

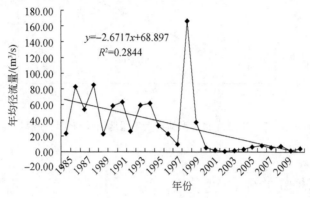

图5-4　1985～2010年洮儿河流域下游年均径流量变化趋势

　　产生这种现象的原因有两方面，一是与流域的气候密切相关。利用洮儿河流域下游气象站1985～2010年均降水量资料和年均气温资料，绘制1985～2010年流域下游气温和降水变化趋势图（图5-5）。由图5-5发现，除1998年洮儿河流域发生洪水灾害外，流域年均降水量呈显著下降趋势，气温呈波动上升趋势。在其他因素不变的情况下，由于对湿地和河流水源补给减弱，蒸发量增大，造成水分流失严重。二是与土地利用变化特别是湿地面积变化相关。如图5-6所示，在流域下游自然湿地面积减少、人工湿地面积增加的同时，径流量呈不断减少趋势。由于流域沼泽湿地面积减少幅度大，已由1985年的1462km² 下降到2010年的635km²，减少了一半以上，致使自然湿地的水文功能减弱，与此同时不断增加的水田对农业灌溉用水的需求不断增多，致使水文调节功能降低，径流量减少。

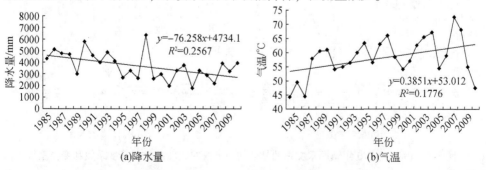

(a)降水量　　　　　　　　　　　　　　　　(b)气温

图5-5　1985～2010年洮儿河流域下游气温和降水变化趋势

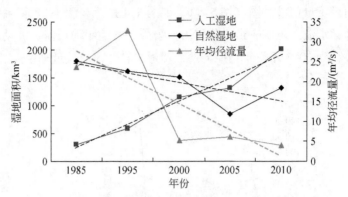

图 5-6   1985~2010 年自然湿地和人工湿地消长与年均径流量的关系

5.5.2   径流量的年内变化

利用 SPSS 软件对 1980~2010 年洮儿河下游的镇西水文站的月平均径流量进行统计分析,计算得到每年的月平均径流量的偏度系数、峰度系数和变异系数(图 5-7)。

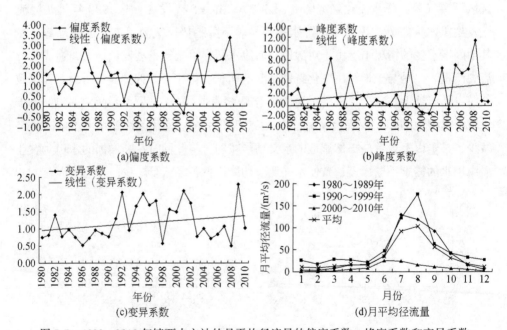

图 5-7   1980~2010 年镇西水文站的月平均径流量的偏度系数、峰度系数和变异系数

由图 5-7 我们可以看出，1980～2010 年，镇西水文站月平均径流量的偏度系数、峰度系数和变异系数都呈逐渐增加趋势，说明径流量的年内变化逐渐增加，差异性逐渐加大，径流量更加集中，与降雨量更加同步。本书认为，主要原因是自然湿地面积逐渐减少，造成通过蓄水、泄流和蒸发散来调节蓄水量、洪水、径流的功能逐渐降低。

5.6　洮儿河流域湿地变化对径流量影响估算

5.6.1　洮儿河流域年平均径流量的突变分析

利用 Mann-Kendall 法，对 1980～2010 年镇西水文站的年平均径流量进行突变检验，结果如图 5-8 所示。由图 5-8 可以看出，UF（k）和 UB（k）曲线相交于 1995 年，两条曲线的交叉点在信度线之间，这点便是突变点的开始，因此径流量的突变发生在 1995 年。从 UF（k）曲线可以看出，1983～1992 年，UF（k）值大于 0，而且在 $a = 0.05$ 上限线以上，说明 1983～1992 年镇西水文站的年平均径流量增加趋势明显，2006～2010 年 UF（k）值小于 0，而且在 $a = 0.05$ 下限线以下，说明 2006～2010 年镇西水文站的年平均径流量减少趋势明显，而且在 2001 年附近 UF（k）值由正值变为负值，因此在 1996～2010 年，将 2001 年和 2006 年作为径流量变化的时间节点。

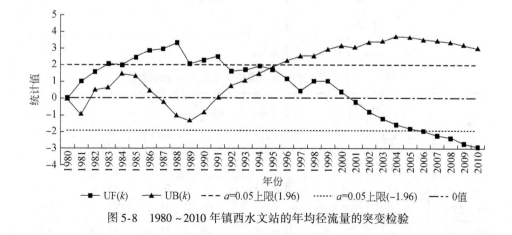

图 5-8　1980～2010 年镇西水文站的年均径流量的突变检验

5.6.2　不同时段湿地变化对径流量影响估算

根据 5.6.1 节的结果，以 1980~1995 年为基期，以 1996~2000 年、2001~2005 年、2006~2010 年为变化时期，计算不同时段湿地变化对径流量影响。

根据相关方程，计算出各站点年径流量，并将其作为近似天然径流量。利用基准期的年降水量、年径流量的平均值，建立反映近似天然状况下的降水和径流关系，计算出不同时段的年降水量、年径流量、年径流量（天然径流）计算值的平均值。各时段的计算值与基准期计算值的差值即为此时段降水量变化对径流量的影响量；各时段与基准期的实测差值减去降水变化的影响量，其值即为人类活动的影响量。

利用 SPSS 软件计算基准期年平均径流量与年降雨量之间的回归方程为

$$y = -2.552 + 0.111x$$

式中，y 为年平均径流量；x 为年降雨量。经检验，该回归方程在 0.01 水平上显著（表5-3），通过了 F 检验。利用基准期年平均径流量与年降雨量之间的回归方程，通过不同时段年降雨预测年平均径流量，并求平均值（表5-4）。

表 5-3　年均径流量与年降雨量的方差分析表

项目	平方和	自由度	均方值	F 值	显著性水平
回归	1766.000	1	1766.000	8.580	0.01*
残差	2881.680	14	205.834		
总计	4647.680	15			

注：*预测变量：年降雨量；因变量：年均径流量

表 5-4　下垫面因素对洮儿河流域年均径流量影响估算

时段	实际径流量/亿 m³	计算径流量/亿 m³	减少径流量/亿 m³	年降水因素 影响量/亿 m³	比例/%	下垫面因素 影响量/亿 m³	比例/%
1980~1995 年	13.62						
1996~2000 年	7.56	9.34	74.90706	4.28	70.63	1.78	29.37
2001~2005 年	2.26	8.61	49.11211	5.01	44.10	6.35	55.90
2006~2010 年	3.5	10.16	37.64972	3.46	34.19	6.66	65.81

1996~2010 年洮儿河流域下垫面因素对径流量的影响逐渐增加，影响比率由 1996~2000 年的 29.37% 逐渐增加到 2006~2010 年的 65.81%，说明 1996~2000 年径流量的减少主要是由降雨量减少造成的，而 2000 年后下垫面因素是导致洮儿河流域径流量减少的主要因素，其次才是降雨量。根据上文分析的结果，下垫面因素中沼泽湿地面积的变化对径流量减少的影响最大，因此，可以认为湿地变化是洮儿河流域径流量减少的一个主要原因。

另外，不容忽视的是，一些水利工程，如大坝和水库的建设是洮儿河流域径流量减少的又一原因。自 20 世纪 70 年代以来，在洮儿河干支流相继修建了许多水库，其中大型水库有 1989 年在洮儿河上游建成的察尔森水库，集水面积为 7780km²，拦蓄洮儿河干流洪水，中型水库有双城水库、明星水库、大青山水库、永丰水库、群昌水库、创业水库、团结水库等。水库的运行改变了流域河道径流的时空分布，而中下游灌区的开发大量取用河道径流，导致了流域中下游河道径流大幅减小，下游洮南站在近几年连续出现了长时间断流[192-193]。

5.7　本 章 小 结

（1）1985~2010 年，在洮儿河流域各种土地利用方式中，以沼泽湿地与径流量的灰色关联度最大，其次为盐碱地、草地和水域，表明流域尺度上的径流量变化与沿岸沼泽湿地的消长关系最密切。

（2）1985~2010 年洮儿河流域年均径流量呈不断减少趋势，主要原因有两点：一是降雨量逐渐减少，气温逐渐上升；二是由土地利用变化特别是沼泽湿地面积变化造成的。径流量的年内变化逐渐增加，差异性逐渐增加，径流量更加集中，与降雨量更加同步，表明流域内湿地水文调节能力下降。

（3）洮儿河流域径流量的突变点发生在 1995 年，此后洮儿河流域下垫面因素对径流量的影响逐渐增大，1996~2000 年径流量的减少主要是由降雨量减少造成的；而 2000 年后，除水利工程建设的影响因素外，下垫面因素中湿地面积与分布格局变化是导致洮儿河流域径流量减少的主要因素，而降雨量减少因素退居其次。

第6章　基于 CLUE-S 模型的吉林省西部湿地格局情景模拟

　　吉林省西部处于中湿润森林草原向半干旱草原及沙漠过渡地带，区域生态环境问题日益突出。研究区被确定吉林省生态经济建设区，同时也是增加粮食产量的主要区域，相继启动了土地整理工程、重大引水工程及大型灌区建设和改造工程。经过大规模的生态改造和土地开发，湿地面积和格局发生了明显变化，湿地变化对该区的气候和径流量产生重要影响，因此对未来湿地格局的预测并选择合理的湿地格局作为土地利用格局优化的依据，对区域生态建设和区域环境改善具有重要的意义。本章利用 CLUE-S 模型，基于情景分析法对 2020 年吉林省西部湿地格局进行模拟，分析不同情景模拟下湿地格局的差异性，为土地利用格局的优化和湿地的保护与管理提供科学依据。

6.1　数据来源与研究方法

6.1.1　数据来源

　　CLUE-S 模型需要的数据包括：2000 年和 2010 年的土地利用图、河流湖泊分布图、居民点分布图、道路分布图、1∶25 万 DEM、自然保护区分布图，以及《吉林省土地利用总体规划（2006—2020 年）》《白城市土地利用总体规划（2006—2020 年）》《松原市土地利用总体规划（2006—2020 年）》《吉林省西部生态经济区总体规划》四个报告。其中河流、湖泊、居民点分布图均由 2010 年土地利用图提取而来，道路分布图由 2010 年遥感影像解译而来，DEM 数据来源于 USGS 网站（http://www.usgs.gov/），自然保护区分布图直接数字化《吉林省地图集》中的生态保护地图。

6.1.2　研究方法

6.1.2.1　CLUE-S 模型

CLUE-S 模型是由荷兰瓦赫宁根大学环境科学学院 Verburg 领导的"土地利用变化和影响"研究小组研发改进的土地利用变化模拟模型。该模型在对区域土地利用变化经验理解的基础上，建立起土地利用空间分布与影响因子之间的定量化关系，并利用这种定量关系，结合土地利用需求模拟土地利用动态变化过程，探索其时空演变规律，进而实现区域尺度土地利用动态变化过程的模拟[194]。

CLUE-S 模型一般采用 Logistic 逐步回归模型对各地类及其驱动因子的相互关系进行定量分析，以确定空间特征，表达式如下：

$$\log\left(\frac{P_i}{1-P_i}\right)=\beta_0+\beta_1 X_{1,i}+\beta_2 X_{2,i}+\cdots+\beta_n X_{n,i}$$

式中，P_i 为某一土地利用类型出现发生的概率值，其值在 $0\sim1$；$1-P_i$ 为某一土地利用类型不出现的概率；$X_{n,i}$ 为某一土地利用类型发生变化的驱动因子；β_n 为驱动因子的回归系数。

ROC 值是检验 Logistic 逐步回归模型的常用指标。一个完整的随意模型的 ROC 值为 0.5，满意的适合结果的 ROC 值是 1.0，即 ROC 曲线下的面积值应该在 $0.5\sim1.0$，具体判定标准为：在 $0.5<ROC<0.7$ 时，表示准确性较低；在 $0.7<ROC<0.9$ 时，表示有一定的准确性；ROC 在 0.9 以上表示有非常高的准确性[195]。

Kappa 指数能够定量地反映 CLUE-S 模型对土地利用变化的模拟效果，计算公式为

$$Kappa=\frac{P_o-P_e}{P_p-P_e}$$

式中，P_o 为正确模拟的比例；P_e 为随机情况下期望的正确模拟比例，其值等于所模拟土地利用类型数的倒数；P_p 为理想分类情况下正确模拟的比例，其值为 1。一般情况下，当 $Kappa\geq0.75$ 时，两种土地利用景观格局图之间的一致性较高，变化比较小，当 $0.4\leq Kappa\leq0.75$ 时，表明两者之间的一致性一般，变化明显，当 $Kappa\leq0.4$ 时，两者之间一致性较差，变化比较大。

6.1.2.2　标准差椭圆

标准差椭圆（standard deviational ellipse，SDE）是分析地理事物空间格局特征的常用方法，椭圆的质心可以反映地理事物分布的中心性，椭圆的形状可以反映地理事物分布的形态，椭圆的面积可以反映地理事物分布的密集性，椭圆长轴的方向可以反映地理事物分布的主体方向[196]。在不同情景下，通过描述地理事物质心、展布形态、密集性和方向的变化特征，有利于分析湿地分布格局的变化。

标准差椭圆可表示为

$$SDE_x = \sqrt{\frac{\sum_{i=1}^{n}(x_i - \overline{X})^2}{n}}, \quad SDE_y = \sqrt{\frac{\sum_{i=1}^{n}(y_i - \overline{Y})^2}{n}}$$

式中，x_i，y_i 为要素 i 的坐标；$\{\overline{X}, \overline{Y}\}$ 为要素的平均中心；n 为要素总数。

6.2　CLUE-S 模型模拟与验证

6.2.1　驱动因子分析

驱动因子是建立 Logistic 逐步回归模型的关键。本书选择驱动因子的原则为：①在土地利用变化过程中起决定性作用，是影响土地利用的关键因子；②可量化，且具有空间结构性；③可获取性，在现有技术条件下容易获取；④相对稳定性，在 10 年之内变化相对较少；⑤自然因子与社会经济因子并重。按照以上 5 项原则，本书选择 4 个社会经济因子（到城镇居民点的最近距离、到农村居民点的最近距离、到公路的最近距离和到铁路的最近距离）和 4 个自然因子（到河流的最近距离、到湖泊的最近距离、海拔和坡度）作为土地利用类型的驱动因子。

利用 ArcGIS 的栅格数据的空间分析获取城镇居民点的最近距离、到农村居民点的最近距离、到公路的最近距离、到铁路的最近距离、到河流的最近距离、到湖泊的最近距离 6 个因子的空间分布图［图 6-1（a）~（f）］，利用 ArcGIS 的 3D 分析模块获得研究区的海拔和坡度分布图［图 6-1（g）、（h）］。

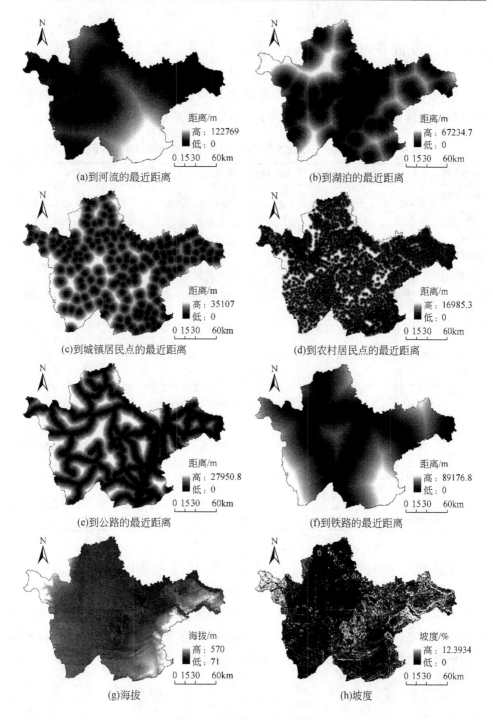

图 6-1　驱动因子的空间分布

6.2.2　Logistic 回归分析与检验

利用 CLUE-S 模型的"convert"程序和 SPSS 统计软件,进行 Logistic 逐步回归分析,得到各土地利用类型驱动因子的 β 值(表 6-1)。

表 6-1　吉林省西部各土地利用类型的 Logistic 逐步回归结果（β 值）

驱动因子	林地	草地	水域	居民用地	水田	旱田	沙地	盐碱地	沼泽湿地
到河流的最近距离	-0.000005		-0.000024	0.000006	-0.000017	0.000013		-0.000005	-0.000035
到湖泊的最近距离	0.000005	0.000017	-0.000051		0.000034	-0.000012		-0.000017	-0.000047
到城镇居民点的最近距离	0.000050			-0.000106	-0.000085	-0.000047	0.000098	0.000037	0.000066
到农村居民点的最近距离	0.000055	0.000198	0.000235	-0.001742		-0.000209		-0.000073	0.000147
到公路的最近距离	-0.000020				0.000029	0.000025		-0.000031	
到铁路的最近距离	0.000003	0.000005			-0.000010	-0.000006	0.000034	0.000006	0.000032
海拔	0.014297	-0.015603	-0.063339	-0.007259	-0.021507	-0.002685		-0.019841	-0.053887
坡度	0.151222	-0.167341				-0.136630		-0.443577	-0.320917
常量	-2.880512	-1.076828	5.897946	-0.124603	0.872761	0.015702	-8.644093	0.985658	3.588226

采用 ROC 值检验驱动因素对土地利用的解释能力。利用 SPSS 软件分析 ROC 值,结果见图 6-2 和表 6-2。可以看出,各土地利用类型 Logistic 回归分析 ROC 检验值均大于 0.7,平均值为 0.755,其中沼泽湿地、水域和居民用地的 ROC 检验值均在 0.8 以上,所以总体而言,Logistic 回归分析的结果对土地利用分布格局的解释效果较好,可以利用 CLUE-S 模型继续进行空间分配。

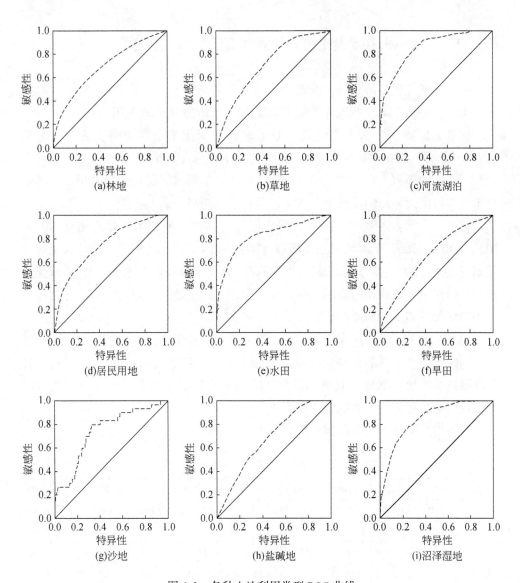

图 6-2　各种土地利用类型 ROC 曲线

表 6-2　各种土地利用类型 Logistic 回归分析 ROC 检验值

要素	林地	草地	水域	居民用地	水田	旱田	沙地	盐碱地	沼泽湿地	平均值
ROC 检验值	0.703	0.716	0.849	0.824	0.743	0.669	0.740	0.701	0.847	0.755

6.2.3　土地利用变化情景方案设定

基于对研究区经济、社会发展的基本态势的分析，本书以湿地变化为主题，设置了三种情景方案，并以此为依据确定 2010~2020 年土地利用的数量需求。

情景 1 方案：自然变化情景，即土地利用变化基于历史趋势变化，利用 Markov 模型由 2000~2010 年各土地利用类型的面积变化推算 2010~2020 年各土地利用类型的面积。在该情景中，水田、林地、旱田和居民用地逐渐增加，其中水田增加幅度大，而沼泽湿地、水域、草地等逐渐减少。

情景 2 方案：规划优先情景，即依据《吉林省土地利用总体规划（2006—2020 年)》《白城市土地利用总体规划（2006—2020 年)》《松原市土地利用总体规划（2006—2020 年)》《吉林省增产百亿斤商品粮能力建设总体规划》，保证耕地和居民建设用地面积的需求。在该情景中，沼泽湿地、水域、水田、林地和草地均有增加，其中水田增幅比情景 1 要小些。

情景 3 方案：生态优先情景，即重点考虑生态安全，生物保护，加大退耕强度，同时参考《吉林省西部生态经济区总体规划》对土地的需求。在该情景中，沼泽湿地、水域、草地均有增加，而且增幅比情景 2 要大些，而水田虽然也增加，但增幅均比情景 1 和情景 2 要小些。

三种情景下的土地利用需求情况见表 6-3~表 6-5。

表 6-3　2010~2020 年自然变化情景下土地需求　　　（单位：km²）

年份	林地	草地	水域	居民用地	水田	旱田	沙地	盐碱地	沼泽湿地
2010	2618.00	4908.75	2312.00	1842.75	4470.75	22419.25	139.25	6413.75	1774.50
2011	2630.28	4886.60	2280.03	1865.23	4686.40	22419.83	128.95	6278.85	1722.85
2012	2642.55	4864.45	2248.05	1887.70	4902.05	22420.40	118.65	6143.95	1671.20
2013	2654.83	4842.30	2216.08	1910.18	5117.70	22420.98	108.35	6009.05	1619.55
2014	2667.10	4820.15	2184.10	1932.65	5333.35	22421.55	98.05	5874.15	1567.90
2015	2679.38	4798.00	2152.13	1955.13	5549.00	22422.13	87.75	5739.25	1516.25
2016	2691.65	4775.85	2120.15	1977.60	5764.65	22422.70	77.45	5604.35	1464.60
2017	2703.93	4753.70	2088.18	2000.08	5980.30	22423.28	67.15	5469.45	1412.95
2018	2716.20	4731.55	2056.20	2022.55	6195.95	22423.85	56.85	5334.55	1361.30
2019	2728.48	4709.40	2024.23	2045.03	6411.60	22424.43	46.55	5199.65	1309.65
2020	2740.75	4687.25	1992.25	2067.50	6627.25	22425.00	36.25	5064.75	1258.00

表 6-4　2010~2020 年规划优先情景下土地需求　（单位：km²）

年份	林地	草地	水域	居民用地	水田	旱田	沙地	盐碱地	沼泽湿地
2010	2618.00	4908.75	2312.00	1842.75	4470.75	22419.25	139.25	6413.75	1774.50
2011	2650.74	4925.50	2329.74	1847.31	4669.28	22280.52	128.95	6278.85	1788.11
2012	2683.89	4942.31	2347.61	1851.88	4867.82	22141.07	118.65	6143.95	1801.83
2013	2717.45	4959.17	2365.62	1856.46	5066.35	22000.89	108.35	6009.05	1815.65
2014	2751.44	4976.10	2383.76	1861.06	5264.88	21859.98	98.05	5874.15	1829.58
2015	2785.84	4993.08	2402.05	1865.66	5463.42	21718.33	87.75	5739.25	1843.61
2016	2820.68	5010.12	2420.48	1870.28	5661.95	21575.94	77.45	5604.35	1857.76
2017	2855.96	5027.21	2439.04	1874.91	5860.48	21432.79	67.15	5469.45	1872.01
2018	2891.67	5044.37	2457.75	1879.55	6059.02	21288.87	56.85	5334.55	1886.37
2019	2927.83	5061.58	2476.61	1884.20	6257.55	21144.19	46.55	5199.65	1900.84
2020	2964.45	5078.85	2495.61	1888.86	6456.08	20998.72	36.25	5064.75	1915.42

表 6-5　2010~2020 年生态优先情景下土地需求　（单位：km²）

年份	林地	草地	水域	居民用地	水田	旱田	沙地	盐碱地	沼泽湿地
2010	2618.00	4908.75	2312.00	1842.75	4470.75	22419.25	139.25	6413.75	1774.50
2011	2638.04	4980.83	2347.47	1847.31	4649.28	22241.64	128.95	6263.75	1801.72
2012	2658.24	5053.97	2383.49	1851.88	4827.82	22061.84	118.65	6113.75	1829.37
2013	2678.59	5128.19	2420.05	1856.46	5006.35	21879.82	108.35	5963.75	1857.43
2014	2699.09	5203.49	2457.18	1861.06	5184.88	21695.55	98.05	5813.75	1885.93
2015	2719.76	5279.91	2494.88	1865.66	5363.42	21509.01	87.75	5663.75	1914.87
2016	2740.58	5357.44	2533.16	1870.28	5541.95	21320.15	77.45	5513.75	1944.24
2017	2761.56	5436.11	2572.02	1874.91	5720.48	21128.94	67.15	5363.75	1974.07
2018	2782.70	5515.94	2611.49	1879.55	5899.02	20935.35	56.85	5213.75	2004.36
2019	2804.00	5596.94	2651.55	1884.20	6077.55	20739.35	46.55	5063.75	2035.11
2020	2825.47	5679.12	2692.23	1888.86	6256.08	20540.89	36.25	4913.75	2066.33

6.2.4　模型参数文件的设置

6.2.4.1　主参数的设置

主参数设置情况见表 6-6。

表 6-6　main.1 文件的参数设置

参数	设置情况
地类个数	9
区域个数	1
最大因子个数	8（回归方程中最大因子数，从 alloc 文件可以得到）
总因子个数	8
列数	511
行数	732
单个栅格面积（公顷）	25
X 坐标	1282760
Y 坐标	4890428
土地利用类型序号	0 1 2 3 4 5 6 7 8
转换弹性系数	0.65 0.60 0.55 0.95 0.85 0.90 0.45 0.40 0.35
迭代变量系数	0 0.3 1
模拟的起始年份	2010 2020
动态变化驱动因子数字和编码	0
输出文件选择	1
特定区域回归选择	0
土地利用初试值	1 5
邻域选择计算	0
区域特定优先值	0

6.2.4.2　土地利用类型转移规则

水域是较难转入和转出的，因此将林地、草地、居民用地转向水域的参数，以及水域转向林地、居民用地、沙地和盐碱地的参数均设为 0；居民用地相对较稳定，因此居民用地不会转向林地、草地和水域，其参数与设为 0；同样，林地和沙地很难转向水田，沙地很难转向水域和水田，其参数均设为 0（表 6-7）。

表 6-7　土地利用类型转移规则

	林地	草地	水域	居民用地	水田	旱田	沙地	盐碱地	沼泽湿地
林地	1	1	0	1	0	1	1	1	1
草地	1	1	0	1	1	1	1	1	1
水域	0	1	1	0	1	1	0	0	1
居民用地	0	0	0	1	1	1	1	1	0
水田	1	1	1	1	1	1	1	1	1
旱田	1	1	1	1	1	1	1	1	1
沙地	1	1	0	1	0	1	1	1	0
盐碱地	1	1	1	1	1	1	1	1	1
沼泽湿地	1	1	1	0	1	1	1	1	1

6.2.4.3　转换弹性系数

根据 1985~2010 年土地转移情况（表 3-2、表 3-4 和表 3-5）和土地利用动态度变化（图 3-3~图 3-5），结合不同情景下的土地利用需求（表 6-3~表 6-5），同时参考各土地利用类型的稳定性，制定了各土地利用类型不同情景下的转换弹性系数（表 6-8）。

表 6-8　不同情景下的各土地利用类型转换弹性系数

土地利用类型	转换弹性系数		
	情景 1	情景 2	情景 3
林地	0.65	0.90	0.75
草地	0.60	0.65	0.70
水域	0.55	0.55	0.80
居民用地	0.95	0.95	0.95
水田	0.85	0.85	0.90
旱田	0.90	0.55	0.50

续表

土地利用类型	转换弹性系数		
	情景1	情景2	情景3
沙地	0.45	0.45	0.45
盐碱地	0.40	0.40	0.40
沼泽湿地	0.35	0.50	0.85

6.2.4.4　限制区域文件

限制性区域，是指由于特殊的政策或者地区状况在模拟时间段内部不允许随便发生变化的区域，如研究区内的自然保护区。本书将自然保护区作为限制区域，制作限制性区域图，并以此作为底图（图6-3）。

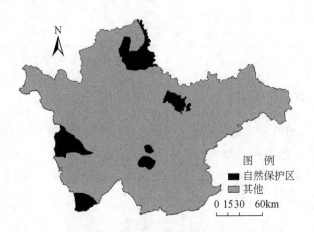

图6-3　模拟所使用的底图

6.2.5　模拟结果与验证

本书所做的模拟包括两类，一类模拟是验证性模拟，即利用2000年土地利用情况模拟2010年土地利用情况 [图6-4 (a)]，并用Kappa指数和栅格正确率定量检验模拟效果；另一类模拟是预测性模拟，即在三种情景下，分别利用2010年土地利用情况模拟2020年土地利用情况 [图6-4 (b) ~ (d)]。

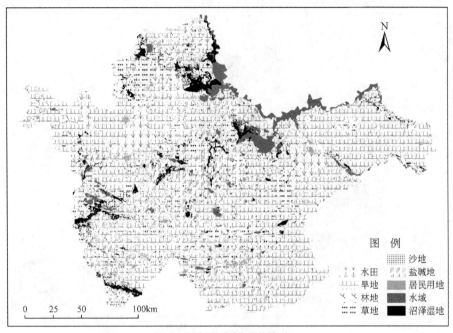

图　例
　　　　　　　　　沙地
水田　　　　　　盐碱地
旱地　　　　　　居民用地
林地　　　　　　水域
草地　　　　　　沼泽湿地

(a) 2010年土地利用预测分布

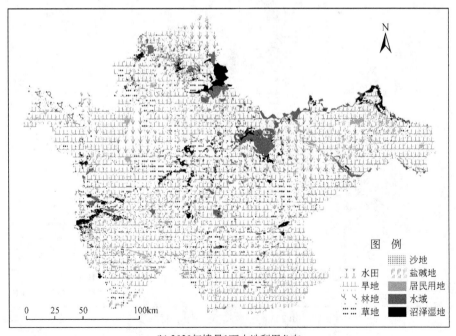

图　例
　　　　　　　　　沙地
水田　　　　　　盐碱地
旱地　　　　　　居民用地
林地　　　　　　水域
草地　　　　　　沼泽湿地

(b) 2020年情景1下土地利用分布

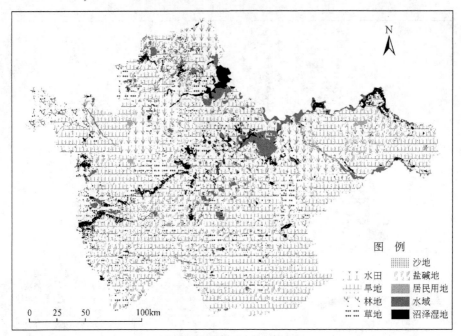

(c) 2020年情景2下土地利用分布

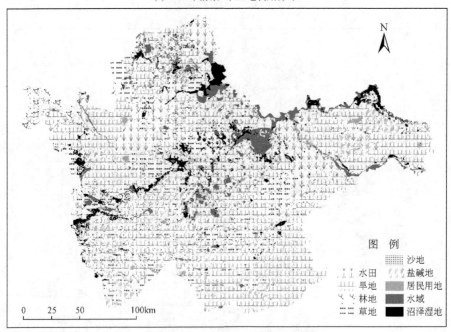

(d) 2020年情景3下土地利用分布

图6-4 不同情景下各土地利用模拟结果

为了验证 CLUE-S 模型模拟的效果，首先对 2010 年的土地利用实际分布图 [图 3-2（c）] 与 2010 年土地利用预测分布图 [图 6-4（a）] 的栅格正确率进行对比（表 6-9）。由表 6-9 可以看出，土地利用的预测正确率为 82.35%，其中以旱田、沼泽湿地和居民用地预测正确率较高，均达到 90% 以上，而水田和沙地预测的正确率较低，特别是水田，预测的正确率仅达到 48.97%，主要是因为水田受水利工程和土地利用规划影响较大。

表 6-9　2010 年土地利用实际值与预测值对比

项目	林地	草地	水域	居民用地	水田	旱田	沙地	盐碱地	沼泽湿地	总数
总栅格数/个	10472	19635	9248	7371	17883	89677	557	25655	7098	187596
正确栅格数/个	8051	13932	6484	6597	8757	84929	373	18756	6597	154476
错分栅格数/个	2421	5703	2764	774	9126	4748	184	6899	501	33120
预测正确率/%	76.88	70.95	70.11	89.50	48.97	94.71	66.97	73.11	92.94	82.35

注：每个栅格大小为 500m×500m

然后，采用 Kappa 指数检验模拟效果，计算公式如下：

$$Kappa = (P_o - P_e)/(P_p - P_e) = (0.8235 - 0.1111)/(1 - 0.1111) = 0.8014$$

根据该公式，本书模拟的 Kappa 指数为 0.8014，大于 0.75，说明两种土地利用景观格局图之间的一致性较高，变化比较小，表明模拟精度较高，模拟效果较理想。

6.3　不同情景模拟下吉林省西部湿地格局变化

不同情景下吉林省西部湿地分布格局见图 6-5。由图 6-5 可以看出，自然变化情景实际上就是基于历史趋势的时间延续，在该情景中，2020 年各土地利用类型的面积变化中，水田会有大幅的增加，而沼泽湿地和水域面积将逐渐减少，显然这需要充分的水资源作为系统稳定的因素，否则系统滋生的稳定性不会增强；情景 2 为规划优先情景，即优先满足《吉林省土地利用总体规划（2006—2020 年）》《白城市土地利用总体规划（2006—2020 年）》《松原市土地利用总体规划（2006—2020 年）》《吉林省增产百亿斤商品粮能力建设总体规划》的土地利用需求，保证耕地和建设用地面积，在该情景中，2020 年研究区域内的沼泽湿地、水域和水田面积都有一定程度的增加，但水田增幅比情景 1 要小些，但从这一点看，该情景下的区域生态环境质量相对于情景 1 要和谐些，生态改造可使

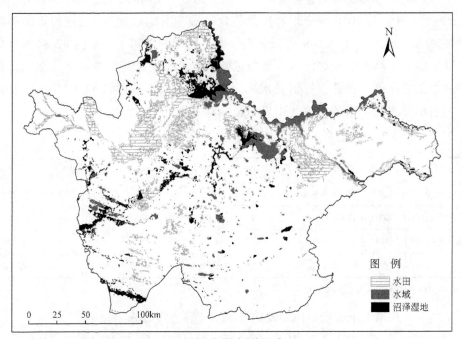

(a) 2010年湿地实际分布

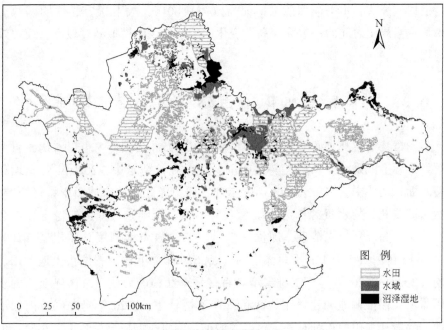

(b) 2020年情景1下湿地分布

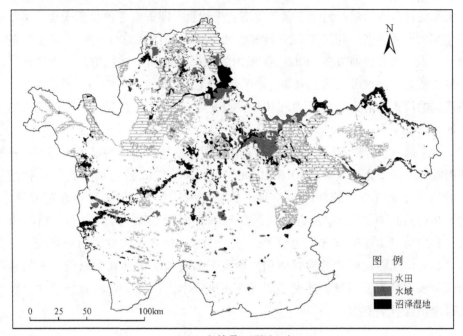

(c) 2020年情景2下湿地分布

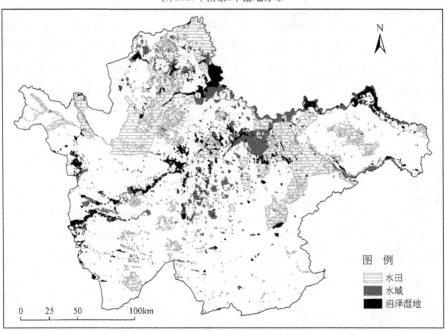

(d) 2020年情景3下湿地分布

图 6-5　不同情景下吉林省西部湿地格局

系统稳定性有所增强；情景 3 属于生态优先情景，即重点考虑生态安全，生物保护和加大退耕强度，同时兼顾《吉林省西部生态经济区总体规划》对土地的需求，在该情景中，到 2020 年时，区域内的沼泽湿地和水域均增加，而且增幅比情景 2 要大，但水田虽然也增加，增幅却比情景 1 和情景 2 要小些。很清楚，生态优先的情景比情景 2 的土地利用格局会更加合理，也更有利于区域的可持续发展。

为了进一步分析不同情景下吉林省西部湿地格局的变化特征，本书利用标准差椭圆做进一步分析（表 6-10 和图 6-6）。由图 6-6（a）可以看出，三种情景下的沼泽湿地质心均偏向西南，其中情景 1 的质心与 2010 年质心距离最远，情景 2 的质心与 2010 年最近；椭圆的长轴方向为东北-西南方向，椭圆扁率大，其中情景 1 主轴方向变化较大，为 70.03°，情景 3 主轴方向变化较小，为 73.72°；沼泽湿地椭圆的周长面积比均大于水域和水田，其中以情景 1 的椭圆周长面积比最大，情景 3 的椭圆周长面积比最小，说明前者具有分散性，后者具有聚集性（表 6-10）。

表 6-10　不同情景下湿地标准差椭圆统计值

项目		中心点 X 坐标/m	中心点 Y 坐标/m	椭圆长半轴与真北方向夹角/(°)	椭圆面积 /km²	椭圆周长 /km	椭圆周长面积比
沼泽湿地	2010 年	1443384	5024048	73.79	21086.62	549.67	0.02607
	情景 1	1439279	5020025	70.03	20342.46	553.76	0.02722
	情景 2	1441503	5023391	74.00	21157.52	554.89	0.02623
	情景 3	1441133	5022203	73.72	21875.81	568.86	0.02600
水域	2010 年	1447711	5045885	91.56	24674.89	565.56	0.02292
	情景 1	1452974	5042141	85.96	24916.56	565.44	0.02269
	情景 2	1448553	5044973	91.33	24749.22	566.79	0.02290
	情景 3	1449228	5042361	90.87	24523.43	563.33	0.02297
水田	2010 年	1446024	5018547	129.36	26396.24	614.21	0.02327
	情景 1	1450250	5020668	85.27	24298.90	565.93	0.02329
	情景 2	1444991	5015376	87.04	26305.76	586.03	0.02228
	情景 3	1447485	5015293	87.07	26500.67	586.79	0.02214

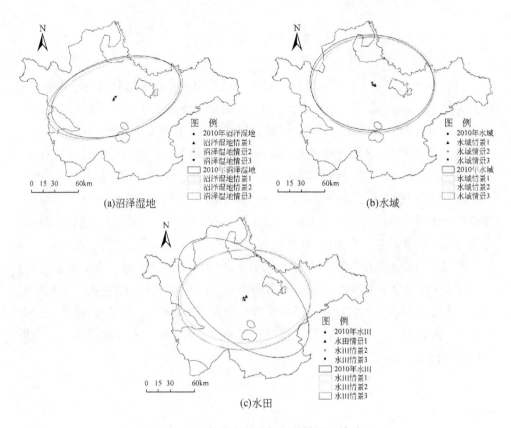

图 6-6　不同情景下湿地标准差椭圆及其质心

由图 6-6（b）可以看出，三种情景下的水域质心均向东南移动，其中情景 1 的质心与 2010 年质心距离最远，情景 2 的质心与 2010 年质心距离最近；三种情景下水域的椭圆扁率较小，与 2010 年较为相像；从方向上来看，与 2010 年相比，情景 1 的主轴方向变化较大，为 85.96°，情景 2 的主轴方向变化较小，为 91.33°；情景 1 的椭圆的面积最大，椭圆周长面积比最小，情景 3 椭圆的周长面积比最大，说明前者具有聚集性，后者具有分散性（表 6-10）。

由图 6-6（c）可以看出，水田的变化与水域和沼泽湿地变化的规律不一致。从质心上看，情景 1 的质心偏东北，而情景 2 和情景 3 的质心偏南；主轴方向变化较大，2010 年水田的主轴方向为西北–东南方向，而三种情景的主轴方向为东北–西南方向；椭圆形状差异较大，2010 年水田椭圆的扁率大，三种情景椭圆扁率小；情景 1 的椭圆周长面积比最大，情景 3 的椭圆周长面积比最小，说明前者具有分散性，而后者具有聚集性（表 6-10）。

6.4　本章小结

（1）本书选取 4 个社会经济因子和 4 个自然因子作为土地利用类型的驱动因子，建立了 Logistic 逐步回归模型，其 ROC 检验平均值大于 0.7，说明对土地利用变化的驱动因子解释效果较好，可以利用 CLUE-S 模型进行模拟。

（2）利用 CLUE-S 模型模拟验证结果表明，土地利用的预测正确率为 82.35%，Kappa 指数为 0.8014，说明 CLUE-S 模型模拟精度较高，模拟效果较理想。

（3）以湿地为主题，设置了湿地格局变化的三种情景，并进行情景模拟，模拟结果表明，不同情景下湿地格局的分布中心、形态、密集性和主轴方向均具有差异性。总体说来，与 2010 年相比，三种情景模拟下湿地的质心均发生了偏移，水域的质心向东南移动，沼泽湿地的质心向西南移动，情景 2（规划优先）和情景 3（生态优先）中水田的质心向南移动，而情景 1（自然变化）中水田的质心各东北移动；三种情景模拟下水域具有较大的聚集性，而沼泽湿地和水田具有较大的分散性；三种情景模拟下水域和沼泽湿地的主轴方向变化不大，而水田的主轴方向变化较大。

第7章 不同情景下吉林省西部湿地格局的优化分析

针对第 6 章所预测的三种情景下的湿地格局，本章利用景观指数、景观干扰指数和生态服务服务价值方法对未来不同情景下湿地格局进行对比分析，寻找更为合理的湿地空间分布格局，结合现有的生态规划和土地利用规划，提出吉林省西部湿地格局再优化的建议，为提高半干旱区生态建设决策的科学性、有效性，实现经济社会的可持续发展提供参考依据。

7.1 研 究 方 法

7.1.1 景观格局指数分析

通过在景观和类型尺度水平上进行景观格局指数分析方法，描述和分析不同情景下研究区的湿地景观格局特征。参考相关研究成果[67-69]，并结合研究区的实际情况，本书确定的景观格局指数主要包括形状指标、多样性指标、邻近度指标、聚散性指标，用以表征景观格局的几何形状、多样性程度、空间分布排列特征。具体选取的景观格局指数是：①面积指标：斑块类型所占景观面积比例（PLAND）；②密度大小指标：景观斑块密度（PD）；③形状指标：景观形状指数（LSI）、周长面积比（PARA）、周长面积分维数（PAFRAC）；④多样性指标：香农多样性指数（SHDI）；⑤邻近度指标：聚合度（AI）；⑥聚散性指标：分离度（SPLIT）和连接度（CONNECT）。

各景观格局指数模型的计算公式如下：

1）斑块类型所占景观面积比例（PLAND）

$$PLAND = p_i = \left[\frac{\sum_{j=1}^{n} a_{ij}}{A} \right] \times 100$$

式中，p_i 为斑块类型 i 占整个景观的比例；a_{ij} 为类型 i 的第 j 个斑块的面积（km²）；

n 为类型 i 的斑块总数；A 为景观的总面积（km^2）。PLAND 就是某一斑块类型的面积与景观总面积的比值，再乘以 100 转化为百分比，其取值范围为 0 ~ 100。

2）景观斑块密度（PD）

$$PD = \frac{N_i}{A} \times 1000000$$

式中，N_i 为景观中斑块类型 i 的总斑块数；A 为景观的总面积（km^2）。斑块密度的单位是个/km^2，PD>0，表示每平方千米的斑块数。当每一个栅格代求一个独立的斑块时，PD 取得最大值。

3）景观形状指数（LSI）

$$LSI = \frac{e_i}{\min e_i}$$

式中，e_i 指类型 i 的边缘总长度或周长（用栅格表面数目表示），包括涉及斑块类型 i 的所有景观边界线和背景边缘；$\min e_i$ 为 e_i 的最小可能值。LSI 等于相关斑块类型的总边缘长度除以总边缘长度最小可能值，其取值范围≥1，当它等于 1 时，说明景观中该类型的斑块只有一个，且为正方形或接近正方形，随着斑块类型的离散，它逐渐变大且没有最大限制。

4）周长面积比（PARA）

$$PARA = \frac{\sum\limits_{j=1}^{N_i} L_{ij}}{\sum\limits_{j=1}^{N_i} a_{ij}}$$

式中，L_{ij} 为类型 i 的第 j 个斑块周长（km）；a_{ij} 为斑块类型 i 的第 j 个斑块的面积（km^2）；N_i 为景观中斑块类型 i 的总斑块数。该比值能够反映斑块形状的复杂性和相对大小，它没有单位，取值范围>0。其值越大，斑块形状的复杂性越高。

5）周长面积分维数（PAFRAC）

$$\log A = D \cdot \log P + C$$

式中，A 为湿地斑块的面积；P 为湿地斑块的周长；C 为常数；D 为面积–周长分维值。由于景观要素的面积、周长是位于平面中的分维变量，因此 PAFRAC 的取值范围为 1 ~ 2。

6）香农多样性指数（SHDI）

$$SHDI = \sum_{i=1}^{m} (P_i \ln P_i)$$

式中，P_i 为斑块类型 i 所占景观面积比；m 为斑块类型总数。SHDI 描述斑块类型的多少和面积上分布均匀程度，各景观类型所占比例相等时，SHDI 最大，各斑块类型的比例差别越大，SHDI 下降。

7）聚合度（AI）

$$AI = \left[\frac{g_{ii}}{\max g_{ii}} \right] \times 100$$

式中，g_{ii} 为基于单倍法的斑块类型 i 像元之间的结点数；$\max g_{ii}$ 为基于单倍法的斑块类型 i 像元之间的最大结点数。AI 等于 g_{ii} 的实际值除以该类型最大限度聚集在一起时的 g_{ii} 最大值，乘以 100 转化为百分比。当同一类型的斑块最大化地分散时，AI = 0；当整个景观仅由一个类型组成时，AI = 100。

8）分离度（SPLIT）

$$SPLIT = \frac{A^2}{\sum_{j=1}^{N_i} a_{ij}^2}$$

式中，A 为景观的总面积（km^2）；a_{ij} 为斑块类型 i 的第 j 个斑块的面积（km^2）；N_i 为景观中斑块类型 i 的总斑块数。该指数等于景观总面积的平方除以某类斑块中各斑块面积的平方和。它没有单位，取值范围为 $1 \leqslant SPLIT$。景观由一斑块组成时，该指数等于 1，随着该类型斑块面积的缩减和斑块尺寸的细化，该指标将会增大。

9）连接度（CONNECT）

$$CONNECT = \left[\frac{\sum_{j \neq k}^{N_i} C_{ijk}}{\frac{n_i(n_i - 1)}{2}} \right] \times 100$$

式中，c_{ijk} 是由使用者指定的距离内相应斑块类型中斑块 j 和 k 之间的连接情况，其中不连接，则值为 0，连接时值为 1；n_i 为相应景观类型的斑块数目。CONNECT 的取值范围为 $0 \leqslant CONNECT \leqslant 100$。当所计算的斑块类型只含有一个斑块或者斑块类型之间没有连接时，连接度为 0；当该斑块类型每一个斑块之间都是连通时，连接度等于 100。

7.1.2　景观干扰指数

景观干扰指数能够反映湿地生态系统受到或可能受到的外部干扰程度。本书选取湿地景观破碎度指数、景观分离度指数和周长面积分维度指数倒数，构建湿地景观干扰度指数，计算公式如下：

$$S = aC + bN + cD$$

式中，C、N、D分别为景观破碎度指数、景观分离度指数、周长面积分维度指数倒数；a、b、c分别表示C、N和D的权重。

已有研究表明，在构建景观干扰指数时，每个景观格局指数通常被赋予不同的权重，荆玉平等[197]、于开芹等[198]将以上3个景观格局指数的权重分别确定为0.5、0.3、0.2，鉴于研究区域的实际情况，本书将景观格局指数的权重确定为$a = 0.3$、$b = 0.2$、$c = 0.5$。

7.1.3　生态系统服务功能价值评价

市场价值法是生态系统服务功能价值评价的一种较常用方法。本书参考谢高地等[199]的研究成果（表7-1），使用中国陆地生态系统服务单位面积价值作为统一量表，用以计算各种土地利用类型的生态系统服务功能价值。计算公式为

$$V = \sum_{i=1}^{n} P_i \times A_i$$

式中，V为研究区生态系统服务总价值（元）；P_i为单位面积上土地利用类型i的生态系统服务总价值（元/km²）；A_i为研究区内土地利用类型i的分布面积（km²）。

表7-1　不同土地利用类型生态系统服务功能价值系数

生态服务功能	生态系统服务功能价值					
	耕地	林地	草地	水域	湿地	未利用地
气体调节	442.40	3097.00	707.90	0.00	1592.7	0.00
气候调节	787.50	2389.10	794.60	407.00	15130.9	0.00
涵养水源	530.90	2831.50	707.90	18033.20	13715.2	26.50
土壤形成与保护	1291.90	3450.90	1725.50	8.80	1513.1	17.70
废物处理	1451.20	1159.20	1159.20	16086.60	16086.6	8.80
生物多样性保护	628.20	2884.60	964.50	2203.20	2212.2	300.80
食物生产	884.90	88.50	265.50	88.50	265.5	8.80
原材料	88.50	2300.06	44.20	8.80	61.9	0.00

续表

生态服务功能	生态系统服务功能价值					
	耕地	林地	草地	水域	湿地	未利用地
娱乐文化	8.80	1132.60	35.40	3840.20	4910.9	8.80
总价值	6114.30	19333.46	6404.70	40676.40	55489.00	371.40

7.2　不同情景下景观格局指数分析

7.2.1　不同情景下景观格局指数变化特征

研究区景观格局指数变化见图 7-1。由图 7-1 可以看出，不同情景下，研究区景观格局指数的变化并不相同。在情景 1 中，2010～2020 年研究区景观斑块密度呈增加趋势，而景观后逐渐减少，而景观形状指数、连接度、香农多样性指数逐年降低，说明在该情景下，农田面积将逐渐扩大，斑块数量减少，景观破碎化程度和多样性程度也均有所下降；在情景 3 中则是聚合度急剧下降，而景观斑块密度、景观形状指数、连接度、香农多样性指数上升趋势十分明显，说明在生态优先情景下，由于增加湿地面积而使其斑块密度增长速度较快，多样性程度和分散程度也明显增加；情景 2 的各项景观格局指数值大体居于情景 1 和情景 3 之间，但整体变化趋势与情景 3 较为接近。

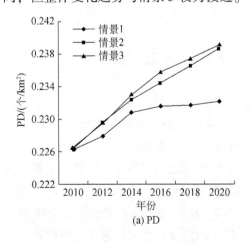

(a) PD

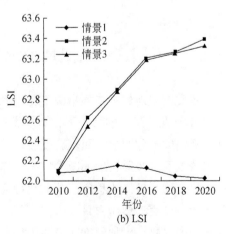

(b) LSI

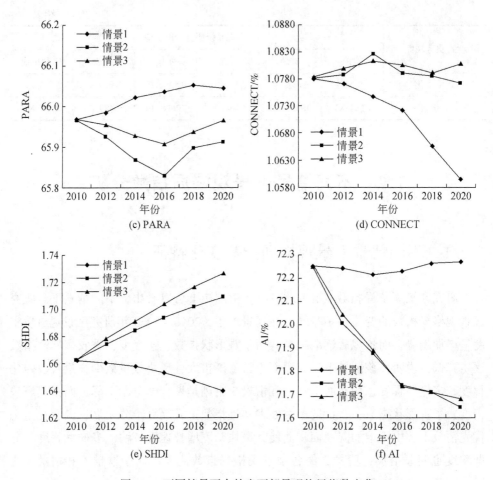

图 7-1　不同情景下吉林省西部景观格局指数变化

7.2.2　不同情景下湿地景观格局指数变化特征

各类型湿地景观格局指数变化见图 7-2～图 7-4。由图 7-2 可以看出，2010～2020 年，在情景 1 的状态下，斑块类型所占景观面积比例和景观形状指数较低，且下降幅度十分明显，而聚合度、连接度较高，且呈现急剧上升的趋势，这说明在该情景下，按照目前的减少比率和速度，沼泽湿地面积将继续保持大幅度减少的态势，而且破碎化程度、分散化程度也将随之减弱；而在情景 3 中，沼泽湿地分离度、斑块类型所占景观面积比例、周长面积比、景观形状指数均较高，且呈现增加的趋势，增加幅度明显高于情景 2 的增加幅度，说明在基于生态保护优先的原则下，沼泽湿地不仅面积增加，而且斑块形状趋于复杂化，具有较高的空间分散性；情景 2 的景观指数值变化情况虽然仍与情景 3 较为接近，但 LSI、PARA、SPLIT 和 PIAND 四项指数低于情景 3。

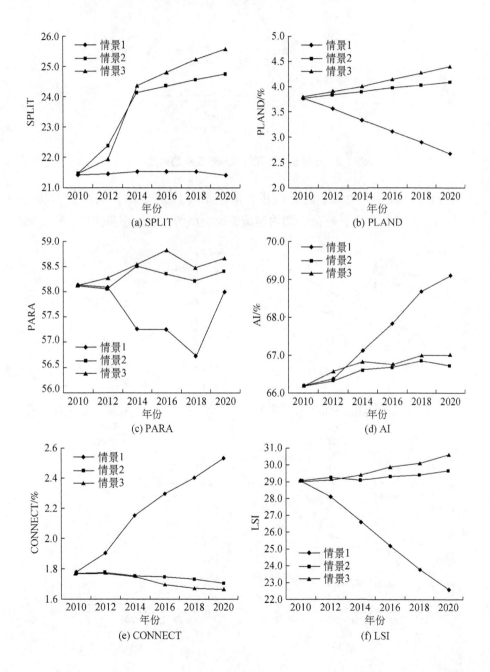

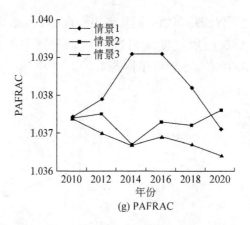

(g) PAFRAC

图7-2　不同情景下沼泽湿地景观格局指数变化

在河流、湖泊景观指数的比较中，情景1与情景2和3的差别最为明显（图7-3）。在情景1中，河流、湖泊湿地斑块类型所占景观面积比例、周长面积

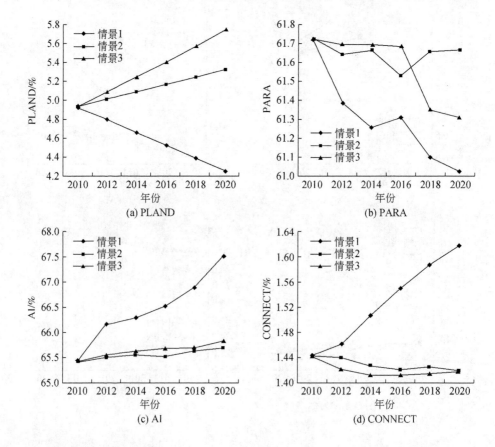

(a) PLAND　　　　　　　　　　　　(b) PARA

(c) AI　　　　　　　　　　　　　(d) CONNECT

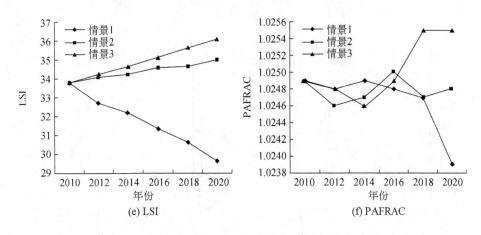

图 7-3　不同情景下河流、湖泊湿地格局景观指数变化

比、景观形状指数均较低，且逐渐下降，而聚合度、连接度等指数均较高，呈现明显增加趋势，说明在此情景下，河流、湖泊湿地斑块面积继续减少，形状趋于单一，同时具有较高的聚合性和连接性；而情景 3 中，河流、湖泊湿地斑块类型所占景观面积比例、景观形状指数最高，并呈现持续上升趋势，说明若实施生态优先的情景，河流、湖泊湿地面积在预测期内将会有较大增加，形状趋于复杂化；情景 2 的斑块类型比例、聚合度和连接度的变化趋势与情景 3 较为接近。

　　水田面积变化是三种情景中景观指数变化趋势最相似的（图 7-4）。可以看出，在情景 1 中，水田斑块类型所占景观面积比例、周长面积比、景观形状指数均较高，且呈现明显增加的趋势，而聚合度、连接度均较低，且下降幅度明显，说明此情景下，水田面积将继续保持大幅度增加的发展态势，斑块形状呈现复杂化，破碎化程度加大；情景 3 中，水田斑块类型所占景观面积比例和景观形状指数较低，增幅度较为和缓，而连接度、聚合度均较高，呈现下降趋势，说明在该情景下，水田面积增长幅度减慢，斑块形状更加单一，而连接性和聚合性增强，破碎化程度减缓；情景 2 的景观指数变化趋势居情景 1 和情景 3 之间，但与情景 3 更相近些。

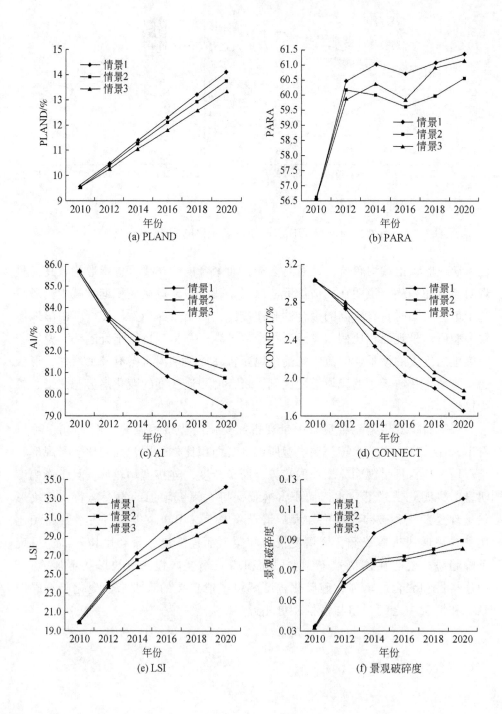

(a) PLAND

(b) PARA

(c) AI

(d) CONNECT

(e) LSI

(f) 景观破碎度

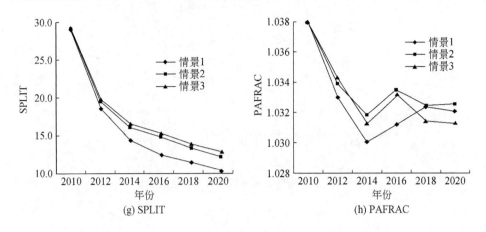

图 7-4　不同情景下水田景观格局指数变化

7.3　不同情景下湿地景观干扰指数分析

各湿地类型景观干扰指数变化见图 7-5～图 7-7。由图 7-5 可以看出，2010 年沼泽湿地景观干扰指数变化范围为 0.93～1，其中，情景 1 的景观干扰指数较低，而情景 2 和情景 3 较高，但在未来规划期内，景观干扰指数表现出不同的变化趋势，情景 1 的景观干扰指数逐渐增加，到 2020 年增加到 0.97，情景 2 和情景 3 却逐渐降低，其中情景 3 呈直线下降，下降幅度更为明显，到 2020 年低于情景 1 的期末值，为 0.96，说明在情景 1 的情况下，研究区域的沼泽湿地受到外界干扰程度逐年加大，而在情景 2 和情景 3 的情况下，来自于外部的对沼泽湿地的干扰程度逐渐减少，尤其在情景 3 中，沼泽湿地的景观干扰程度的减弱趋势更为明显。这表明，有科学规划的生态建设可以减少不必要的人为烦扰，促进系统的稳定性。

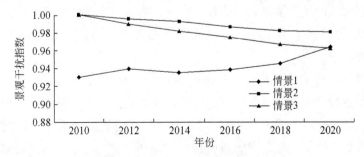

图 7-5　不同情景下沼泽湿地景观干扰指数变化

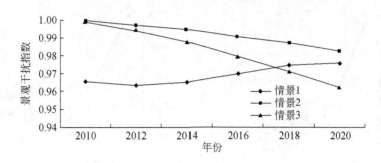

图 7-6　不同情景下水域景观干扰指数变化

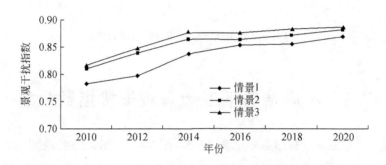

图 7-7　不同情景下水田景观干扰指数变化

　　2010 年，研究区域内的水域景观干扰指数变化范围为 0.965～1，其中，情景 1 的景观干扰指数较低，而情景 2 和情景 3 较高，而此后景观干扰指数的变化趋势不同则发生变化（图 7-6），到 2020 年，情景 1 的景观干扰指数逐渐增加到 0.975，而情景 2 和情景 3 却逐渐降低，其中情景 3 的景观干扰指数急剧下降，到 2018 年已低于情景 1 的景观干扰指数，到 2020 年下降到 0.96，为三类情景中的最低点，这一结果说明，按照情景 1 发展，区域内的水域受到的外界干扰程度将会逐年加大，而按照情景 2 和情景 3 发展，未来对水域的外部的干扰程度将逐渐减少，其中情景 3 的景观干扰程度减弱的趋势更为明显，到 2018 年以后就低于其他两种情景。

　　2010 年水田景观干扰指数变化范围为 0.78～0.82（图 7-7），其中，情景 1 的景观干扰指数最低，情景 3 最高，而且在未来预测期内，景观干扰指数的变化趋势相同，均呈现波动式上升趋势。到 2020 年，情景 1 的景观干扰指数增加到 0.85，情景 2 和情景 3 分别增加到 0.875、0.878，这一结果显然受研究区域的规划目标所制约，同时也说明，无论 3 种情景中的哪一种，水田受到外界干扰程度都将逐年加大。

7.4　不同情景下生态系统服务功能价值分析

7.4.1　不同土地利用类型生态系统服务功能价值分析

利用 ArcGIS 软件，生成研究区域 2km×2km 尺度的正方形网格图，将正方形网格图与不同情景下的土地利用图分别进行叠加，统计每个正方形网格的生态系统服务功能价值，从而计算出研究区不同土地利用类型的生态系统服务功能价值（表 7-2）。由此可以看出，2000 年，吉林省西部各类土地利用的生态系统服务功能价值总量为 469.44 亿元，到 2010 年下降到 441.41 亿元，就类别而言，以旱田、沼泽湿地、水域生态系统的贡献率最大，分别为 31.05%、22.3%、21.3%，其次为林地、草地、水田，分别为 11.47%、7.12%、6.17%，沙地和盐碱地的生态系统服务功能价值最小。

表 7-2　2000～2020 年吉林省西部土地利用类型生态系统服务功能价值 （单位：亿元）

年份	林地	草地	水域	水田	旱田	沙地	盐碱地	沼泽湿地	合计
2000	48.24	32.86	107.05	14.15	137.04	0.09	2.88	127.13	469.44
2010	50.61	31.44	94.04	27.34	137.08	0.05	2.38	98.47	441.41
2020（情景1）	52.80	30.16	81.12	40.46	137.12	0.01	1.88	69.64	413.19
2020（情景2）	57.32	32.53	101.55	39.49	128.40	0.01	1.88	106.34	467.52
2020（情景3）	54.67	36.41	109.65	38.27	125.61	0.01	1.82	114.60	481.04

在不同情景下，研究区各类土地利用类型的生态系统服务功能价值发生了不同的变化。在情景 1 中，旱田生态系统服务功能价值未发生大的变化，水田生态系统服务功能价值明显增加，但是由于沼泽湿地、水域、草地面积减少幅度大，生态系统服务功能减弱，到 2020 年，生态系统服务功能价值总量下降到 413.19 亿元；在情景 2 中，虽然旱田数量和生态系统服务功能价值减少，但因沼泽湿地、水域和水田面积增加显著，同时林地、草地还有少量的增加，使生态系统服务功能价值总量较 2010 年出现一定程度的增长，为 467.52 亿元；在情景 3 中，由于强调生态优先的发展原则，预测期内沼泽湿地、水域以及草地面积将有所增加，所以生态系统服务功能价值增加幅度明显，价值总量达 481.04 亿元，其中

各类湿地生态系统的贡献率为 54.57% 。

7.4.2　不同情景下湿地生态系统服务功能价值分析

各类型湿地生态系统服务功能价值见表 7-3 ~ 表 7-5 。2000 ~ 2010 年，由于沼泽湿地面积明显减少，沼泽湿地生态系统服务功能价值总量由 127.12 亿元下降到 98.47 亿元（表 7-3）。在沼泽湿地的各项生态系统服务功能中，以废物处理、气候调节、涵养水源功能最为显著，贡献率分别为 28.99% 、27.26% 、24.71% 。在情景 1 中，因沼泽湿地面积的大幅度减少，导致其生态系统服务功能价值较 2010 年持续减少，下降为 69.64 亿元；在情景 2 和情景 3 中，也同样因沼泽湿地面积的增加，其生态系统服务功能价值量也随之增加，分别达到 106.35 、114.60 亿元，尤以情景 3 的价值增量最大，较情景 1 增加 64.56% 。

与沼泽湿地情况相似，由于面积明显减少，2000 ~ 2010 年，水域生态系统服务功能价值量由 107.05 亿元下降到 94.03 亿元（表 7-4）。在水域的各项生态系统服务功能中，以涵养水源、废物处理功能最为显著，贡献率分别为 44.33% 、39.55% 。在情景 1 中，河流湖泊面积持续减少，导致生态系统服务功能价值量较 2010 年有所减少，为 81.12 亿元，减少 13.73% ；在情景 2 和情景 3 中，由于水域面积的增加，其生态系统服务功能价值量分别为增至为 101.55 亿元、109.65 亿元，其中以情景 3 的价值量最大，较情景 1 增加了 35.17% 。

2000 ~ 2010 年，由于研究区域内的水田面积增加显著，水田生态系统服务功能价值总量由 16.08 亿元增加到 27.35 亿元（表 7-5）。在水田的各项生态系统服务功能中，以废物处理、土壤形成与保护功能最为显著，贡献率分别为 23.74% 、21.14% 。在三种情景中，水田生态系统服务功能价值量较 2010 年均都有大幅度的增加，分别为 40.47 亿元、39.50 亿元、38.27 亿元，很明显。情景 1 的水田面积增加量最多，所以其价值量增幅也最大，其增幅高达 47.75% ，而情景 2 和情景 3 分别只增加 44.42% 和 39.93% 。

2000 ~ 2010 年，研究区各类湿地生态系统服务功能价值总量由 250.25 亿元下降到 219.85 亿元，而在 3 个情景中，湿地的生态系统服务功能价值总量分别为 191.23 亿元、247.40 亿元、262.52 亿元（表 7-6）。很明显情景 3 所产生的生态系统服务功能价值最大，按照价值量的大小看，湿地各项生态系统服务功能依次为废物处理>涵养水源>气候调节>娱乐文化>生物多样性保护>土壤形成与保护

>食物生产>气体调节>原材料，其中，废物处理、涵养水源、气候调节三种生态系统服务功能处于主要地位，价值量分别为 85.67 亿元、80.26 亿元、37.28 亿元，贡献率占总价值的 77.40%，这一结果说明，研究区内湿地格局的优化，可使湿地在废物处理、水、气调节等方面产生最大的生态系统服务功能价值，使湿地的生态服务功能得到充分的发挥。

表 7-3 吉林省西部 2000~2020 年沼泽湿地生态系统服务功能价值 （单位：亿元）

沼泽湿地	2000 年	2010 年	2020 年（情景 1）	2020 年（情景 2）	2020 年（情景 3）
气体调节	3.65	2.83	2.00	3.05	3.29
气候调节	34.66	26.85	18.99	29.00	31.25
涵养水源	31.42	24.34	17.21	26.29	28.33
土壤形成与保护	3.47	2.68	1.90	2.90	3.12
废物处理	36.85	28.55	20.19	30.83	33.22
生物多样性保护	5.07	3.93	2.78	4.24	4.57
食物生产	0.61	0.47	0.33	0.51	0.55
原材料	0.14	0.11	0.08	0.12	0.13
娱乐文化	11.25	8.71	6.16	9.41	10.14
总价值	127.12	98.47	69.64	106.35	114.60

表 7-4 吉林省西部 2000~2020 年水域生态系统服务功能价值 （单位：亿元）

水域	2000 年	2010 年	2020 年（情景 1）	2020 年（情景 2）	2020 年（情景 3）
气体调节	0.00	0.00	0.00	0.00	0.00
气候调节	1.07	0.94	0.81	1.02	1.10
涵养水源	47.46	41.69	35.96	45.02	48.61
土壤形成与保护	0.02	0.02	0.02	0.02	0.02
废物处理	42.34	37.19	32.08	40.16	43.37
生物多样性保护	5.80	5.09	4.39	5.50	5.94
食物生产	0.23	0.20	0.18	0.22	0.24
原材料	0.02	0.02	0.02	0.02	0.02
娱乐文化	10.11	8.88	7.66	9.59	10.35
总价值	107.05	94.03	81.12	101.55	109.65

表7-5　吉林省西部2000～2020年水田生态系统服务功能价值　（单位：亿元）

水田	2000年	2010年	2020年（情景1）	2020年（情景2）	2020年（情景3）
气体调节	1.16	1.98	2.93	2.86	2.77
气候调节	2.07	3.52	5.21	5.09	4.93
涵养水源	1.40	2.37	3.51	3.43	3.32
土壤形成与保护	3.40	5.78	8.55	8.34	8.09
废物处理	3.82	6.49	9.60	9.37	9.08
生物多样性保护	1.65	2.81	4.16	4.06	3.93
食物生产	2.33	3.96	5.86	5.72	5.54
原材料	0.23	0.40	0.59	0.57	0.55
娱乐文化	0.02	0.04	0.06	0.06	0.06
总价值	16.08	27.35	40.47	39.50	38.27

表7-6　吉林省西部2000～2020年各类型湿地生态系统服务功能价值总量　（单位：亿元）

各类型湿地	2000年	2010年	2020年（情景1）	2020年（情景2）	2020年（情景3）
气体调节	4.81	4.81	4.93	5.91	6.06
气候调节	37.8	31.31	25.01	35.11	37.28
涵养水源	80.28	68.4	56.68	74.74	80.26
土壤形成与保护	6.89	8.48	10.47	11.26	11.23
废物处理	83.01	72.23	61.87	80.36	85.67
生物多样性保护	12.52	11.83	11.33	13.8	14.44
食物生产	3.17	4.63	6.37	6.45	6.33
原材料	0.39	0.53	0.69	0.71	0.7
娱乐文化	21.38	17.63	13.88	19.06	20.55
总价值	250.25	219.85	191.23	247.40	262.52

7.5　吉林省西部湿地格局优化的建议

　　吉林省西部气候干燥、高温少雨、生态环境脆弱，湿地在研究区生态环境中居于极其特殊的地位，湿地的生态功能更为突出，湿地保护和格局优化能够促使其最大限度地发挥在水、气、环境自净等方面的生态服务功能，在维护区域生态环境的稳定、改善区域生态环境质量中产生最大的生态服务价值。

　　近年来，吉林省加强了对研究区域的生态建设力度，制定了湿地保护和开发的战略指导和规划，开展了"河湖连通""引霍入向""引嫩入莫""引洮入向"等重点水利工程，对向海、莫莫格、大安等重要湿地实施生态补水，加快了退耕还湿工程的步伐，促进了湿地保护和格局的优化与调整，但当前仍存在一些亟待解决的问题，鉴于湿地格局的进一步优化具有重要的环境功能和显著的环境效益，对此提出以下几方面的对策建议。

　　（1）统筹区域发展总体战略和主体功能区战略的关系，实行统一的湿地开发战略部署。按照引导开发和管制开发并重的原则，围绕在哪开发、如何开发、开发什么、开发到什么程度等关键问题，建立和执行区域统一协调的总体部署。在总体战略部署的基础上，落实主体功能区任务，从功能上明确重点生态功能区、农产品主产区、城镇化发展区等类型，从强度上划分优化开发区、重点开发区、限制开发区、禁止开发区等类型，从而形成立体式的生态建设格局，优化土地利用和湿地保育的空间开发规划和模式[200]。

　　（2）对重点湿地生态区实行刚性控制，进一步加强湿地生态安全区保护。对水源保护区、水资源短缺地区、水土流失严重地区等对区域生态安全有较大影响力的区域，要着力落实"保护优先"的原则，保护好现有的自然生态系统及生物多样性，并力争实现生物多样性的增加，通过适度的生态改造，提升自然环境的支撑能力和生态系统承受能力。

　　（3）完善湿地资源开发利用的评价制度。湿地资源开发利用评价制度，是指通过分析湿地资源开发利用行为所产生的直接影响、间接影响、潜在影响来评价湿地资源开发利用的效果，对湿地资源的开发利用行为所产生的综合价值进行判断，以便制定出可持续利用湿地的科学决策。其评价内容包括：湿地开发现状分析、湿地开发经验与教训、湿地开发效益预测、湿地资源开发利用适宜性评价等。湿地开发工程项目在开工前，要进行生态评估和环境影响评估。在涉及湿地开发利用的问题上，需通过部门间的联合行动，采取协调一致的保护行动，严格依法论证、审批并监督实施[201]。

　　（4）平衡相关利益主体，建立健全生态补偿机制。现有的湿地保护较多地集中在如何改变环境的技术方法上，对相关利益主体的利益关注不够，使得不同利益主体之间存在着利益冲突，经济、环境和社会效益难以达到平衡，生态补偿与支付是平衡区域不同利益群体之间利益再分配的重要措施。生态补偿与支付不仅要因地制宜地制定补偿类型、补偿标准、补偿形式，制定相应的收益变化评估体系，以实现补偿与支付的科学性与合理性，而且要注重利益的再分配，充分考虑各个利益主体发展机会，唯此才能实现整体区域的良性发展。监督管理应贯彻湿地生态补偿工作的始末，可充分吸纳与补偿工作相关的不同利益方和社会公众参与监管，同时建立公共信息的发布机制，为公众参与提供途径，并形成社会舆论监督的环境，以保证补偿工作的成效。

7.6　本 章 小 结

（1）根据设置的三种情景，2010～2020年，吉林省西部土地利用景观指数、生态系统服务价值均表现出不同的变化特征。实施情景1，吉林省西部景观斑块数量减少，景观破碎化程度和多样性程度下降，生态系统服务功能价值为413.20亿元。而按照情景2和情景3发展，景观的斑块密度增长速度较快，景观破碎化程度和多样性程度、分散程度明显增强，其中，生态优先情景下的土地利用类型的生态系统服务价值总量最高，达到481.04亿元，较情景1增加16.42%。

（2）不同情景下的湿地景观指数变化情况也有差异。情景1，沼泽湿地、水域的破碎化程度、分散化程度较低，并不断减弱，而聚合性、连接性较高，并不断增强，而情景2和情景3，二者的形状趋于复杂化，破碎化程度加剧，具有较好的空间分散性；水田的景观指数变化在情景1时，水田形状趋向复杂化，破碎化程度加大，在情景2和情景3时，水田的形状指数趋向均衡，破碎化程度减轻，连接性和聚合性增强。

（3）不同情景下的湿地景观干扰程度不同，实施情景3时，湿地景观具有较强的抗干扰能力和维持自我稳定的能力。在情景1中，2010年湿地受到外界干扰程度较低，以后逐年加大，而情景2和情景3中，湿地景观干扰程度较为稳定，且不断下降，其中，在预测期内情景3的景观干扰程度下降最为明显。

（4）实施情景3，湿地的生态系统服务功能价值总量最高，为262.52亿元，从各项生态服务功能来看，湿地的废物处理、涵养水源、气候调节三种生态服务功能价值高，计算的价值量分别为85.67亿元、80.26亿元、37.28亿元，贡献率占总价值的77.40%，这一结果证明了湿地格局的优化，能够增加湿地的生态服务功能价值，也是最大限度地发挥湿地的生态服务功能的有效途径。

第8章 结论与展望

8.1 结 论

本书确定的研究区域是吉林省规划的西部生态经济区，在地理位置上处于科尔沁草原和松嫩平原交汇地带，以湿地和草原生态系统为主，是草原和湿地生态系统、平原黑土地生态系统和森林生态系统的过渡带，在国家粮食安全战略中具有重要地位。生态功能区的确定，使其具有生态环境脆弱和生态改造（建设）活跃并存的重要特点。研究区域的特点使本项研究具有许多特殊的生态学意义，对于探讨人为干扰下生态系统内在变化机制和规律、生态建设关键问题识别、区域环境调控具有重要的意义。本研究得出的主要结论如下：

1）1985~2010 年吉林省西部湿地格局变化明显

1985~2010 年，研究区湿地总面积呈增加趋势，共增加 24.41%，各湿地类型面积的变化趋势不同，其中自然湿地（沼泽湿地、水域）的面积逐渐减少，主要向耕地、草地和盐碱地转移，而水田面积增加幅度较大，水田面积增加方式有旱田改水田和荒地改水田；从空间格局看，自然湿地丧失较大的区域主要集中分布在嫩江、西流松花江沿岸，以及查干湖、月亮泡等湖泊附近，水田面积增加的区域主要位于引嫩入白工程、哈达山水利枢纽工程、大安灌区工程三大水利工程区；对变化热点区的分析表明，研究区的西南部、前郭尔罗斯和松原的西部一直是湿地变化的热点地区，1985~2000 年西北部存在湿地变化的热点地区，而 2000~2010 年东部边缘出现湿地变化的热点地区；空间格局变化的主要驱动力是水利工程的兴建和土地利用变化。

2）湿地面积增加和格局变化可调节区域气候

研究区气候变化与林地、草地和湿地变化的关系较密切，区域内的林地、草地和湿地生态系统对区域气候调节均有贡献，三者相比，湿地变化在调节区域气候中发挥着更主要的作用；湿地面积和格局变化对区域内气候产生的影响，主要表现为最高气温和降水量的变化，最高气温倾向率与湿地变化率之间呈负相关关系，降水量倾向率与湿地变化率之间呈正相关关系；研究区最高气温倾向率和降水量倾向率与湿地空间格局呈现较好的空间对应关系，区域内湿地增长明显的中东部，最高气温上升幅度较小，降水量减小较少，而湿地丧失面积较多的西部和中南部，最高气温上升幅度较大，降水量减小较多，气候暖干化趋势明显。

3）沼泽湿地变化可影响流域径流量

1986～2010 年洮儿河流域径流量动态变化的分析结果表明，除水利工程的影响外，在与各类土地利用方式的相关系分析中，沼泽湿地变化与流域径流量变化关系最为密切，其次为盐碱地、草地和水域；研究期间洮儿河流域年均径流量呈持续减少趋势，究其原因，自然环境变化特别是全球气候变化使研究区降雨量减少、气温逐渐上升，就人为干扰而言，土地利用格局变化是重要因素，流域沿岸沼泽湿地面积的减少是不容忽视的；突变检测结果表明，洮儿河流域径流量的突变点发生在 1995 年，此后洮儿河流域下垫面因素对径流量的影响逐渐增大，到 2000 年以后，上升为导致洮儿河流域径流量减少的主要因素，降雨量退居其次。

4）不同情景下研究区的湿地空间格局具有明显差异

与 2010 年相比，三种情景下湿地的质心均发生了偏移，水域的质心向东南移动，沼泽湿地的质心向西南移动，情景 2（规划优先）和情景 3（生态优先）中水田的质心向南移动，而情景 1（自然发展）中水田的质心各东北移动；三种情景下水域具有较大的聚集性，而沼泽湿地和水田具有较大的分散性；三种情景下水域和沼泽湿地的主轴方向变化不大，而水田的主轴方向变化较大；情景 1时，吉林省西部景观斑块数量减少，景观破碎化程度和多样性程度下降，而情景 2 和情景 3 时，区域内斑块密度增长速度较快，景观破碎化程度、多样性程度和分散程度明显增强。

5）生态优先情景下研究区的生态系统服务功能价值最高，抗干扰能力最强

2010～2020 年，生态优先情景下研究区的生态系统服务功能价值为 481.04亿元，较自然发展情景增加 14.1%，其中湿地生态系统服务功能价值可达到262.52 亿元，对整体生态系统服务功能价值的贡献率为 54.57%；从各项生态服务功能来看，湿地的废物处理、涵养水源、气候调节三种生态服务功能处于主要地位，价值分别为 85.67 亿元、80.26 亿元、37.28 亿元，贡献率占总价值的77.40%，此种湿地格局能够产生最大的生态系统服务功能价值，表明实施科学规划下的生态建设是增加区域生态系统服务功能价值的有效途径；在情景 1 中，

2010 年湿地受到外界干扰程度波动较大，并且逐年加大，而在情景 2 和情景 3 中，区域内湿地景观干扰程度较为平稳，并呈现逐年下降态势，表明湿地景观格局具有较强的抗干扰能力和维持自我稳定能力，能够最大限度地发挥湿地的生态服务功能。

8.2　展　　望

（1）土地利用格局变化对区域环境的影响是本领域研究的热点，但对此种研究的尺度还存在不同看法，本书虽对该问题做了探讨，但采用的是模型法，缺乏实地观测，今后将加强模型与实地观测验证相结合，进一步研究土地利用格局变化对区域环境的影响。

（2）湿地变化的环境效应研究理应是全面评价，本书仅从气候效应和水文效应两方面进行评价，在以后的研究中，还要进一步加强生物多样性、水质净化效应方面的评价。

（3）基于情景分析法的 CLUE-S 模型，能较好地模拟与预测湿地格局，但本书所使用的 CLUE-S 模型的驱动力没有考虑水利工程、气候变化等对湿地格局的影响，同时设置的三种情景模拟有一定的主观性，今后将继续深入研究。

参 考 文 献

[1] 陈宜瑜,吕宪国.湿地功能与湿地科学的研究方向[J].湿地科学,2003,1(1):7-11.

[2] Mitsch W J,Gosselink J G. Wetlands[M]. New York:Van Nostrand Reinhold Company,1986.

[3] 白军红,欧阳华,杨志峰,等.湿地景观格局变化研究进展[J].地理科学进展,2005,24(4):
36-45.

[4] 刘红玉,吕宪国,张世奎.湿地景观变化过程与累积环境效应研究进展[J].地理科学进展,
2003,22(1):60-70.

[5] 汤洁,卞建民,李昭阳.基于数字技术的吉林西部水土环境综合研究[M].北京:科学出版
社,2011.

[6] 吕宪国,高俊琴,刘红玉,等.湿地变化及其环境效应[C].生态安全与生态建设——中国科
协2002年学术年会论文集,2002.

[7] 吕宪国,姜明.湿地生态学研究进展与展望[C].生态学与全面协调可持续发展——中国生
态学会第七届全国会员代表大会论文摘要荟萃,2004.

[8] 李诚固,董会和.吉林地理[M].北京:北京师范大学出版社,2010.

[9] 温晓南.吉林省西部半干旱地区农业可持续发展研究[D].长春:东北师范大学,2008.

[10] 王志强,张柏,于磊,等.吉林西部土地利用/覆被变化与湿地生态安全响应[J].干旱区研
究,2006,2(3):419-426.

[11] 刘雁,盛连喜,刘吉平.1985-2010年吉林省西部地区湿地空间格局变化及热点地区[J].东
北林业大学学报,2014,42(4):78-81,123.

[12] 吉林省人民政府关于吉林省增产百亿斤商品粮能力建设总体规划的实施意见(吉发
[2008]22号)[J].吉林政报,2008(17).

[13] 王晨野,汤洁,李昭阳,等.吉林西部土地利用/覆被时空变化驱动力分析[J].生态环境,
2008,(5):1914-1920.

[14] 汪雪格,汤洁,李昭阳,等.基于洛伦兹曲线的吉林西部土地利用结构变化分析[J].农业
现代化研究,2007,(3):310-313.

[15] 李秀霞,马维遥,徐龙.基于Markov链的吉林西部土地利用结构优化研究[J].水土保持研
究,2013,20(2):229-238.

[16] 臧立娟.吉林西部土地利用结构优化配置研究[D].长春:吉林大学,2010.

[17] 麻素挺.吉林西部生态环境需水量与水资源承载力研究[D].长春:吉林大学,2004.

[18] 辛欣.吉林西部地下水的模拟预报及生态效应探讨[D].长春:吉林大学,2008.

[19] 刘春玲. 吉林西部地下水开发风险评价[D]. 长春:吉林大学,2007.

[20] 王宇,卢文喜,夏广卿,等. 吉林西部地区地下水水质特征对应分析研究[J]. 节水灌溉, 2013,(3):27-30.

[21] 赵海卿. 吉林西部平原区地下水生态水位及水量调控研究[D]. 北京:中国地质大学,2012.

[22] 李晓燕,张树文. 基于景观结构的吉林西部生态安全动态分析[J]. 干旱区研究,2005, 22(1):57-62.

[23] 姜玲玲,林年丰,唐晓慧,等. 吉林西部生态环境研究及质量评价[J]. 干旱区研究,2005, 22(2):246-250.

[24] 李晓燕,薛林福,王锡奎. 吉林省西部生态安全态势与土地利用的耦合分析[J]. 中国农学通报,2008,24(7):436-440.

[25] 王志强,张柏,张树清,等. 吉林省西部景观动态特征及其生态环境安全响应研究[J]. 水土保持学报,2005,19(6):131-136.

[26] 王娟. RS-GIS-EIS 技术支持下的吉林西部生态环境集成研究[D]. 长春:吉林大学,2004.

[27] 赵凤琴. 吉林西部土地生态环境安全研究[D]. 长春:吉林大学,2005.

[28] 靳英华,周道玮,吴正方,等. 吉林省西部生态安全研究初论[J]. 干旱区资源与环境, 2005,19(6):17-21.

[29] 李春玉,杜会石,李明玉. 吉林省西部土地利用变化对生态系统服务价值的影响[J]. 延边大学学报(自然科学版),2008,34(4):301-305.

[30] 柳碧晗,郭继勋. 吉林省西部草地生态系统服务价值评估[J]. 中国草地,2005,27(1):12-17.

[31] 卢远. 吉林西部土地利用/土地覆盖变化及其生态效应[D]. 长春:吉林大学,2005.

[32] 杜会石. 半干旱区土地利用/覆被变化及生态系统服务价值研究——以吉林省西部为例[D]. 长春:吉林大学,2008.

[33] 王宗明,张柏,宋开山,等. 松嫩平原土地利用变化对区域生态系统服务价值的影响研究[J]. 中国人口资源与环境,2008,18(1):149-154.

[34] 汤洁,刘森,韩源,等. 白城市农田生态系统服务功能价值时间序列变化[J]. 安徽农业科学,2011,39(25):15641-15644.

[35] 李晓燕,王宗明,张树文. 吉林西部农牧互动及其引起的生态系统服务价值变化[J]. 生态学杂志,2006,25(5):497-502.

[36] 李海毅,汤洁,斯蔼. 分形理论在吉林西部干旱指数预测中的应用[J]. 东北师范大学学报(自然科学版),2007,39(3):126-130.

[37] 于晓光,李春华,孙传生,等. 吉林湿地生态环境保护措施研究[J]. 水土保持研究,2005, 12(6):226-227.

[38] 孙玉文. 吉林向海湿地水环境调查与评价[D]. 长春:吉林农业大学,2008.

[39] 李波. 吉林省西部湿地草原生态环境现状研究[D]. 长春:吉林大学,2009.

[40] 肖长来,梁秀娟. 前郭灌区灌溉与排水对地下水与环境影响的研究[C]. 第三十届国际地质大会水利系统论文选集,1996.

[41] 徐世明,于德万. 吉林省松原灌区水盐平衡分析与防治措施[J]. 吉林水利,2009,6:67-69.

[42] 肖长来,贾涛,梁秀娟,等. 五家子灌区引水对镇赉县低平原的环境影响[J]. 吉林大学学报(地球科学版),2007,37(2):341-345.

[43] 马广庆. 吉林省西部松原灌区水田开发对地表水质和土壤环境的影响[D]. 长春:吉林大学,2010.

[44] 于明荣. 吉林省前郭灌区环境影响回顾评价及环境保护研究[J]. 吉林水利,1999,4:42-45.

[45] 贾涛. 白城市五家子灌区引水工程对环境的影响研究[D]. 长春:吉林大学,2007.

[46] 盛连喜. 环境生态学导论[M]. 北京:高等教育出版社,2009.

[47] 陈宜瑜. 中国湿地研究[M]. 长春:吉林科学技术出版社,1995.

[48]《湿地公约》履约办公室. 关于特别是作为水禽栖息地的国际重要湿地公约[M]. 美国林业局野生动植物保护司译.

[49] 傅伯杰,陈利顶,马克明,等. 景观生态学原理及应用[M]. 北京:科学出版社,2011.

[50] 张芸,吕宪国,朱诚. 三江平原沼泽湿地开垦后的热量平衡变化[J]. 南京大学学报(自然科学),2002,38(6):813-819.

[51] 孔令桥,张路,郑华,等. 长江流域生态系统格局演变及驱动力[J]. 生态学报,2018,38(3):741-749.

[52] Gagliano S, Meyer- Arendt K, WicherK. Land loss in the Mississippi River Deltaic plain[J]. Transactions Gulf Coast Association of Geological Societies,1981,31:295-300.

[53] Baumann R H,Turner R E. Direct impact of outer continental shelf activities on wetland loss in the central Gulf of Mexico[J]. Environmental Geology and Water Resource,1990,15:189-198.

[54] Kingsford R T, Thomas R F. Use of satellite image analysis to track wetland loss on the Murrumbridge River floodplain in arid Australia,1975-1998[J]. Water Science and Technology,2002,45(11):45-53.

[55] 肖笃宁. 景观生态学研究进展[M]. 湖南:湖南科学技术出版社,1999.

[56] 第二次全国湿地资源调查结果. http://www. shidi. org/sf_B7B9059F3C6B48C28E27D18EDC9A4DC6_151_18811374604. htm/

[57] 许吉仁,董霁红. 1987-2010年南四湖湿地景观格局变化及其驱动力研究[J]. 湿地科学,2013,11(4):438-445.

[58] 周连义,江南,吕恒,等. 长江南京段湿地景观格局变化特征[J]. 资源科学,2006,28(5):24-29.

[59] 刘吉平,吕宪国,崔炜炜. 别拉洪河流域湿地变化的多尺度空间自相关分析[J]. 水科学进

展,2010,21(3):392-398.

[60] 周德民,宫辉力,胡金明,等. 三江平原淡水湿地生态系统景观格局特征研究——以洪河湿地自然保护区为例[J]. 自然资源学报,2007,22(1):86-96.

[61] 张国坤,邓伟,吕宪国,等. 新开河流域湿地景观格局动态变化过程研究[J]. 自然资源学报,2007,22(2):204-210.

[62] 曾辉,高启辉,陈雪,等. 深圳市 1988-2007 年间湿地景观动态变化及成因分析[J]. 生态学报,2010,30(10):706-2714.

[63] 姚允龙,吕宪国,于洪贤,等. 三江平原挠力河流域湿地垦殖的影响因素[J]. 东北林业大学学报,2011,39(1):72-74.

[64] 宗秀影,刘高焕,乔玉良,等. 黄河三角洲湿地景观格局动态变化分析[J]. 地球信息科学学报,2009,11(1):91-97.

[65] 郑建蕊,蒋卫国,周廷刚,等. 洞庭湖区湿地景观指数选取与格局分析[J]. 长江流域资源与环境,2010,19(3):305-310.

[66] 王宪礼,肖笃宁,布仁仓,等. 辽河三角洲湿地的景观格局分析[J]. 生态学报,1997,17(3):317-323.

[67] 汪爱华,张树清,何艳芬. RS 和 GIS 支持下的三江平原沼泽湿地动态变化研究[J]. 地理科学,2002,22(5):636-640.

[68] 姜海刚,崔瀚文,李远华. 东北三江平原湿地动态变化研究[J]. 吉林大学学报(地球科学版),2009,39(6):1127-1133.

[69] Zhang J Y,Ma K M,Fu B J. Wetland loss under the impact of agricultural development in the Sanjiang Plain,NE China [J]. Environmental Monitoring and Assessment,2010,(166):139-148.

[70] Song K S,Wang Z M,Du J,et al. Wetland degradation:its driving forces and environmental impacts in the Sanjiang Plain,China[J]. Environmental Management,2014,54(2):255-271.

[71] 赵锐锋,周华荣,肖笃宁,等. 塔里木河中下游地区湿地景观格局变化[J]. 生态学报,2006,26(10):3470-3478.

[72] 蒋锦刚,李爱农,边金虎,等. 1974-2007 年若尔盖县湿地变化研究[J]. 湿地科学,2012,10(3):318-326.

[73] 赵海迪,刘世梁,董世魁,等. 三江源区人类干扰与湿地空间变化关系研究[J]. 湿地科学,2014,12(1).

[74] Liu G L,Zhang L C,Zhang Q,et al. Spatial- temporal dynamics of wetland landscape pattern based on remote sensing in Yellow River Delta,China. Wetlands,2014,34(4):787-801.

[75] 何春阳,史培军,李景刚,等. 中国北方未来土地利用变化情景模拟[J]. 地理学报,2004,59(4):599-607.

[76] 何春阳,史培军,陈晋. 基于系统动力学模型和元胞自动机模型的土地利用情景模拟研

究[J].中国科学(D辑:地球科学),2005,35(5):464-473.

[77] 于欢,何政伟,张树清,等.基于元胞自动机的三江平原湿地景观时空演化模拟研究[J].地理与地理信息科学,2010,26(4):90-94.

[78] 赵亮,刘吉平,徐艳艳.基于BP神经网络模型的三江平原湿地面积预测研究[J].干旱区资源与环境,2012,26(10):53-56.

[79] 李兴钢,梁成华,王延松,等.基于CA-Markov模型的辽河三角洲湿地景观格局预测[J].环境科学与技术,2013,26(5):188-200.

[80] 欧维新,肖锦成,李文昊.基于BP-CA的海滨湿地利用空间格局优化模拟研究——以大丰海滨湿地为例[J].自然资源学报,2014,29(5):744-756.

[81] 朱利凯,蒙吉军.国际LUCC模型研究进展及趋势[J].地理科学进展,2009,28(5):782-790.

[82] 高志强,易维.基于CLUE-S和Dinamica EGO模型的土地利用变化及驱动力分析[J].农业工程学报,2012,28(16):208-216.

[83] 孙晓芳,岳见祥,范泽孟.中国土地利用空间格局动态变化模拟[J].生态学报,2012,32(20):6440-6451.

[84] 张学儒,王卫,Verburg P H,等.唐山海岸带土地利用格局的情景模拟[J].资源科学,2009,31(8):1392-1399.

[85] 张春华,王宗明,宋开山,等.基于马尔可夫过程的三江平原土地利用动态变化预测[J].遥感技术与应用,2009,24(2):210-216.

[86] Hu Y C,Zheng Y M,Zheng X Q. Simulation of land-use scenarios for Beijing using CLUE-S and Markov Composition Model[J].Chinese Geographical Science,2013,23(1):92-100.

[87] Zhang G,Guhathakurta S,Lee S,et al. Grid-based land-use composition and configuration optimization for watershed stormwater management[J]. Water Resource Management,2014,28(10):2867-2883.

[88] 汤洁,卞建民,李昭阳.基于数字技术的吉林西部水土环境综合研究[M].北京:科学出版社,2011.

[89] 孙燕楠.扎龙湿地时空格局演变的细胞自动机模型研究[D].大连:大连理工大学,2007.

[90] Zhao R F,Xie Z L,Zhang L H,et al. Assessment of wetland fragmentation in the middle reaches of the Heihe River by the type change tracker model[J]. Journal of arid Land,2015,7(2):177-188.

[91] 邬建国.景观生态学——格局、过程、尺度与等级[M].北京:高等教育出版社,2000.

[92] Guan D,Li H,Inohae T,Su W,et al. Modeling urban land use change by the integration of cellular automaton and Markov model[J]. Ecological Modelling,2011,22(20):3761-3772.

[93] Luo G P,Amuti T,Lei Z,et al. Dynamics of landscape patterns in an inland river delta of Central Asia based on a cellular automata-Markov model[J]. Regional Environmental Change,2015,

15(2):277-289.

[94] 张美美,张荣群,张晓东,等. 基于 ANN-CA 的湿地景观变化时空动态模拟研究[J]. 计算机工程与设计,2013,34(1):377-381.

[95] Li W L, Wu C S, Zang S Y. Modeling urban land use conversion of Daqing City, China: a comparative analysis of "top-down" and "bottom-up" approaches[J]. Stochastic Environmental Research and Risk Assessment,2014,28(4):817-828.

[96] 白军红,欧阳华,杨志锋,等. 湿地景观格局变化研究进展. 地理科学进展[J],2005, 24(4):36-45.

[97] 李建平,张柏,张泠,等. 湿地遥感监测研究现状与展望[J]. 地理科学进展,2007,26(1): 33-43.

[98] 张树文,颜凤芹,于灵雪,等. 湿地遥感研究进展[J]. 地理科学,2013,33(11):1406-1412.

[99] 杨帆,赵冬至,马小峰,等. RS 和 GIS 技术在湿地景观生态研究中的应用进展[J]. 遥感技术与应用,2007,22(3):471-478.

[100] 李秀彬. 全球环境变化研究的核心领域——土地利用/土地覆被变化的国际研究动向[J]. 地理学报,1996,51(6):553-558.

[101] 傅国斌,李克让. 全球变暖与湿地生态系统的研究进展[J]. 地理研究,2001,20(1): 120-128.

[102] 曹明奎,李克让. 陆地生态系统与气候相互作用的进展研究[J]. 地理科学进展,2000, 15(4):446-451.

[103] 左洪超,吕世华,胡隐樵,等. 非均匀下垫面边界层的观测和数值模拟研究(1):冷岛屿效应和逆湿现象的完整物理图像[J]. 高原气象,2004,23(2):155-162.

[104] Gordon B B. Sensitivity of a GCM simulation to inclusion of inland water surface. Journal of Climate,1995,8(1):2691-2704.

[105] Hostetler S W, Bates G T, Giorgi F. Interactive coupling of a lake thermal model with a regional climate model. Journal of Geophysical Research:Atmospheres,1993,98(3):5045-5057.

[106] 娄德君,李治民,孙卫国. 夏季不同下垫面气象要素的对比分析[J]. 气象科技,2006,34 (2):166-169.

[107] 宝日娜,杨泽龙,刘启,等. 达里诺尔湿地的小气候特征[J]. 中国农业气象,2006,27(3): 171-174.

[108] 聂晓,王毅勇. 沼泽湿地局地小气候"冷湿岛"效应[J]. 生态与农村环境学报,2010,26 (2):189-192.

[109] Yao Y L, Yu H X, Lu X G, et al. The impacts of wetland cultivation on the regional temperature based on remote sensing —A case study on Naoli watershed of Sanjiang Plain, Northeast China[C]. 3rd International Conference on Computational Intelligence and Industrial Application,2010.

[110] 拱秀丽,王毅勇,聂晓,等. 沼泽湿地与周边旱田气温、相对湿度差异分析[J]. 东北林业

大学学报,2011,39(11):93-96,101.

[111] 苗百岭,宝日娜,侯琼,等.内蒙古地区典型湿地的生态效应[J].中国农业气象,2008, 29(3):298-303.

[112] 张芸,吕宪国,倪健.三江平原典型湿地冷湿效应的初步研究[J].生态环境,2004, 13(1):37-39.

[113] 高俊琴,吕宪国,李兆富.三江平原湿地冷湿效应研究[J].水土保持学报,2002,16(4): 149-151.

[114] Zhao M,Zeng X. A theoretical analysis on the local climate change induced by the change of landuse. Advances in Atmospheric Sciences,2002,19(1):45-63.

[115] 郭安红,王兰宁,李凤霞.三江源区湿地变化对区域气候影响的数值模拟分析[J].气候与 环境研究,2010,15(6):743-755.

[116] 孙丽,宋长春.三江平原典型沼泽湿地能量平衡和蒸散发研究[J].水科学进展,2008, 19(1):43-48.

[117] 闫敏华,邓伟,马学慧.大面积开荒扰动下的三江平原近45年气候变化[J].地理学报, 2001,56(2):159-170.

[118] 闫敏华,邓伟,陈泮勤.三江平原气候突变分析[J].地理科学,2003,23(6):661-667.

[119] 闫敏华,陈泮勤,邓伟,等.三江平原气候变暖的进一步认识:最高和最低气温的变化[J]. 生态环境,2005,14(2):151-156.

[120] 张树清,张柏,汪爱华.三江平原湿地消长与区域气候变化关系研究[J].地球科学进展, 2001,16(6):836-841.

[121] 李凤霞,常国刚,肖建设,等.黄河源区湿地变化与气候变化的关系研究[J].自然资源学 报,2009,24(4):683-690.

[122] Findell K L,Shevliakova E,Milly P C D,et al. Modeled impact of anthropogenic land cover change on climate[J]. Journal of Climate,2007,20(14):3621-3634.

[123] 万齐林,余志豪.一个斜压海洋环流数值模式及其数值试验[J].热带海洋,1991,10(2): 10-17.

[124] 赵宗慈,罗勇.二十世纪九十年代区域气候模拟研究进展[J].气象学报,1998,56(2): 225-241.

[125] 徐影,丁一汇,赵宗慈.近30年人类活动对东亚地区气候变化影响的检测和评估[J].应 用气象学报,2002,13(5):513-525.

[126] 李荫堂,李志勇,方飞,等.湿地降温增湿效应的数值模拟研究[J].西安交通大学学报, 2007,41(7):825-828,846.

[127] 周建玮,王咏青.区域气候模式RegCM3应用研究综述[J].气象科学,2007,27(6): 702-708.

[128] 王根绪,刘桂民,常娟.流域尺度生态水文研究评述[J].生态学报,2005,25(4):892-903.

[129] Matheussen B,Kirschbaum R L,Goodman I A,et al. Effects of land cover change on stream flow in the interior Columbia River Basin(USA and Canada)[J]. Hydrological Processes,2000, 14(5):867-885.

[130] 胡隐樵,高由禧,王介民,等. 黑河试验的一些研究成果[J]. 高原气象,1994,13(3): 225-236.

[131] 陶泽宏,左宏超,胡隐樵. 黑河试验数据库[J]. 高原气象,1994,13(3):369-376.

[132] 陈亚宁,李红卫,徐海量,等. 塔里木河下游地下水位对植被的影响[J]. 地理学报,2003, 58(4):542-549.

[133] 史培军,袁艺,陈晋. 深圳市土地利用变化对流域产水量的影响[J]. 地理学报,2002, 57(2):194-200.

[134] Bonacci O,Roje-Bonacci T. The influence of hydroelectrical development on the flow regime of the Karstic river Cetina[J]. Hydrological Processes,2003,17(1):1-15.

[135] 于文颖,周广胜,迟道才,等. 湿地生态水文过程研究进展[J]. 节水灌溉,2007(1):19-23.

[136] 邓伟,胡金明. 湿地水文学研究进展及科学前沿问题[J]. 湿地科学,2003,1(1):12-20.

[137] 王朗,徐延达,傅伯杰,等. 半干旱区景观格局与生态水文过程研究进展[J]. 地球科学进展,2009,24(11):1238-1246.

[138] 余新晓. 森林生态水文研究进展与发展趋势[J]. 应用基础与工程科学学报,2013, 21(3):391-402.

[139] 陈刚起,张文芬. 三江平原沼泽对河川径流影响的初步探讨[J]. 地理科学,1982,2(3): 254-263.

[140] 李颖,张养贞,张树文. 三江平原沼泽湿地景观格局变化及其生态效应[J]. 地理科学, 2002,22(6):677-682.

[141] 闫敏华,邓伟,陈泮勤. 三江平原沼泽性河流流域降水、径流变化及影响因素研究[J]. 湿地科学,2004,2(4):267-272.

[142] 刘红玉,张世奎,吕宪国. 三江平原湿地景观结构的时空变化[J]. 地理学报,2004, 59(3):391-400.

[143] 刘红玉,李兆富. 三江平原典型湿地流域水文情势变化过程及其影响因素分析[J]. 自然资源学报,2005,20(4):493-501.

[144] 季友,张琳. 挠力河流域湿地和耕地面积变化对径流深的影响分析[J]. 黑龙江水利科技,2009,37(2):37-39.

[145] 姚允龙,吕宪国,王蕾. 流域土地利用/覆被变化水文效应研究的方法评述[J]. 湿地科学,2009,7(1):83-87.

[146] 蔡运龙. 土地利用/土地覆被变化研究:寻求新的综合途径[J]. 地理研究,2001,20(6): 645-652.

[147] 朱利凯,蒙吉军. 国际 LUCC 模型研究进展及趋势[J]. 地理科学进展,2009,28(5):

782-790.

[148] 高志强,易维. 基于 CLUE-S 和 Dinamica EGO 模型的土地利用变化及驱动力分析[J]. 农业工程学报,2012,28(16):208-216.

[149] 孙晓芳,岳见祥,范泽孟. 中国土地利用空间格局动态变化模拟[J]. 生态学报,2012,32(20):6440-6451.

[150] 张学儒,王卫,Verburg P H,等. 唐山海岸带土地利用格局的情景模拟[J]. 资源科学,2009,31(8):1392-1399.

[151] 杨永兴. 国际湿地科学研究进展和中国湿地科学研究优先领域与展望[J]. 地球科学进展,2002,17(4):508-514.

[152] 闫敏华,徐传书,王丹丹. 用于湿地气候效应模拟的三江平原下垫面数据获取[J]. 湿地科学,2006,4(2):108-114.

[153] 刘振,潘益农,张润森,等. 环太湖地区土地利用变化的局地气候效应[J]. 气象科学,2003,32(1):1-8.

[154] 刘黎平,钱永甫,吴爱明. 区域模式和 GCM 对青藏高原和西北地区气候模拟结果的对比分析[J]. 高原气象,2000,19(3):313-322.

[155] 肖长来,贾涛,梁秀娟,等. 五家子灌区引水对镇赉县低平原的环境影响[J]. 吉林大学学报(地球科学版),2007,37(2):341-345.

[156] 张豪,汤洁,梁爽. 吉林西部不同开发年份盐碱水田土壤有机碳和碳酸盐的季节动态[J]. 生态环境学报,2013,22(12):1899-1903.

[157] 郑国璋. 关中灌区农业土壤重金属污染调查与评价[J]. 土壤通报,2010,41(2):473-478.

[158] 吴文勇,尹世洋,刘洪禄,等. 污灌区土壤重金属空间结构与分布特征[J]. 农业工程学报,2013,29(4):165-173.

[159] 张爱平,杨世琦,易军,等. 宁夏引黄灌区水体污染现状及污染源解析[J]. 中国生态农业学报,2010,18(6):1295-1301.

[160] 马广庆. 吉林省西部松原灌区水田开发对地表水质和土壤环境的影响[D]. 长春:吉林大学,2010.

[161] 董金凯,贺锋,肖蕾,等. 人工湿地生态系统服务综合评价研究[J]. 水生生物学报,2012,36(1):109-118.

[162] 高常军,周德民,栾兆擎,等. 湿地景观格局演变研究评述[J]. 长江流域资源与环境,2010,19(4):460-464.

[163] 吉林省地质矿产局. 吉林省区域地质志[M]. 北京:地质出版社,1982.

[164] 白城地区地方志编纂委员会. 白城地区志[M]. 长春:吉林文史出版社,1992.

[165] 白城地区计划经济委员会. 白城国土资源[M]. 长春:吉林人民出版社,1986.

[166] 吉林省地方志编纂委员会. 吉林省志·卷四自然地理志[M]. 长春:吉林人民出版社,1992.

[167] 吉林省白城地区土壤普查办公室. 白城土壤[M]. 1988.

[168] 李波. 吉林省西部湿地草原生态环境现状研究[D]. 长春:吉林大学,2009.

[169] 吉林省统计局. 吉林统计年鉴[M]. 北京:中国统计出版社,2001-2010.

[170] 赵凤琴. 吉林省西部土地生态环境安全研究[D]. 长春:吉林大学,2005.

[171] 刘明义,王跃邦,房淑琴,等. 吉林省西部荒漠化成因及防治对策[J]. 水土保持研究, 2005,12(4):159-161.

[172] 裘善文,张柏,王志春. 吉林省西部土地荒漠化现状、特征与治理途径研究[J]. 地理科学,2002,23(2):188-192.

[173] 周云轩,付哲,刘殿伟. 吉林省西部土壤沙化、盐碱化和草原退化演变的时空过程研究[J]. 吉林大学学报,2003,(7):348-354.

[174] 神祥金,吴正方,杜海波. 近50年来吉林西部半干旱区气候变化特征[J]. 干旱区资源与环境,2014,28(2):190-196.

[175] 邹丽丽,崔海山,李颖. 吉林西部土地沙化气候因素分析[J]. 安徽农业科学,2009, 37(7):3101-3103.

[176] 包亮. 利用RS/GIS技术提取土地专题信息-以乌审旗乌兰陶乐盖水源地调查为例[C]. 内蒙古农业大学—毕业生专题教育讲座,2008.

[177] 宋开山,刘殿伟,王宗明,等. 1954年以来三江平原土地利用变化及驱动力[J]. 地理学报,2008,63(1):93-104.

[178] 刘纪远. 中国土地利用变化现代过程时空特征的研究[J]. 第四纪研究,2000,20(3):229-239.

[179] 张佩芳,王茂新. 云南西双版纳基诺巴卡土地利用/土地覆盖时空动态研究[J]. 农业工程学报,2006,22(3):57-62.

[180] 侯景儒,尹镇南,李维明,等. 实用地质统计学[M]. 北京:地质出版社,1998.

[181] 任国玉,郭军,徐铭志,等. 近50年中国地面气候变化基本特征[J]. 气象学报,2006, 63(6):943-956.

[182] 李宗省,何元庆,辛惠娟,等. 我国横断山区1960-2008年气温和降水时空变化特征[J]. 地理学报,2010,65(5):563-579.

[183] Frank E A,Richard L,Snyder R L et al. 2003. A micrometeorological investigation of a restored California wetland ecosystem[J]. American Meteorological Society,84(9):1190-1172.

[184] Yan H,Richard A A. The effect variations in surface moisture on mesoscale circulations[J]. Monthly Weather Review,1988,116(1):192-208.

[185] Mahfouf J F,Richard E,Mascrt P. The influence of soil and vegetation on the development of mesoscale circulations[J]. American Meteorological Society,1987,26(11):1483-1495.

[186] Garrett A J. A parameter study of interactions between convective clouds, the convective boundary layer, and a forested surface [J]. Monthly Weather Review, 1982, 110 (8):

1041-1059.

[187] Richard A A. Enhancement of convective precipitation by mesoscale variations in vegetative covering in semiarid region[J]. Journal of Applied Meteorology and Climatology,1984,23(4): 541-554.

[188] 罗哲贤. 植被带布局对局地流场的作用[J]. 地理研究,1992,11(1):15-22.

[189] Liao X Y,Liu Z L,Wang Y Y,et al. Spatiotemporal variation in the microclimatic edge effect between wetland and farmland. Journal of Geophysical Research—Atmospheres, 2013, 118(14):7640-7650.

[190] 王云琦,齐实,孙阁. 气候与土地利用变化对流域水资源的影响—以美国北卡罗莱纳州 Trent 流域为例[J]. 水科学进展,2011,21(1):51-58.

[191] 陈刚起,牛焕光,吕宪国,等. 三江平原沼泽湿地与农业开发[A]//陈刚起. 三江平原沼泽研究[C]. 北京:科学出版社,1996:152-158.

[192] 宋殿武,宋殿贵,王芳. 洮儿河流域水里工程建设对水文影响分析[J]. 内蒙古水利,2014, 154(6):19-20.

[193] 姜德娟,李丽娟,侯西勇. 洮儿河流域中上游水循环要素变化及其原因[J]. 地理研究, 2009,28(1):55-64.

[194] Verburg P H,Soepboer W,Veldkamp A,et al. Modeling the spatial dynamics of regional land use:the CLUE-S model. Environmental Management,2002,30(3):391-405.

[195] 唐华俊,吴文斌,杨鹏,等. 土地利用/土地覆被变化(LUCC)模型研究进展[J]. 地理学报,2009,64(4):456-468.

[196] 赵作权. 空间格局统计与空间经济分析[M]. 北京:科学出版社,2014.

[197] 荆玉平,张树文,李颖. 基于景观结构的城乡交错带生态风险分析[J]. 生态学杂志,2008, 72(2):229-234.

[198] 于开芹,石浩朋,冯永军. 基于景观结构的城乡结合部生态风险分析——以泰安市岱岳区为例[J]. 应用生态学报,2013,24(3):705-712.

[199] 谢高地,鲁春霞,冷允法,等. 青藏高原生态资产的价值评估[J]. 自然资源学报,2003, 18(2):189-196.

[200] 欧阳慧. 进一步优化国土空间开发格局的政策方向[J]. 宏观经济管理,2012,(1): 35-37,43.

[201] 王熔. 构建我国湿地立法的几点建议[C]. 2010 年全国环境资源法学研讨会,2010.